Topaz Joy Kirlew

Difusão da Inovação dos Sistemas de Qualidade

Topaz Joy Kirlew

Difusão da Inovação dos Sistemas de Qualidade

Adopção nas Práticas Empresariais pela Indústria das Ciências da Saúde da Flórida

ScienciaScripts

Imprint

Cover image: www.ingimage.com

This book is a translation from the original published under ISBN 978-3-8383-4595-6.

Publisher:
Sciencia Scripts
is a trademark of
Dodo Books Indian Ocean Ltd. and OmniScriptum S.R.L publishing group

120 High Road, East Finchley, London, N2 9ED, United Kingdom
Str. Armeneasca 28/1, office 1, Chisinau MD-2012, Republic of Moldova, Europe
Printed at: see last page
ISBN: 978-620-3-30258-5

ABSTRACT

O objectivo deste trabalho é avaliar se as percepções das empresas de ciências da saúde sobre os sistemas de qualidade como inovação influenciam a sua probabilidade de adoptar esta inovação nas suas práticas empresariais. Numa tentativa de trazer um enfoque do século XXI à regulamentação do fabrico farmacêutico e da qualidade dos produtos, a FDA anunciou em 2004 que iria estabelecer requisitos de qualidade para todos os produtos médicos regulamentados, a fim de dar a promessa contínua de segurança que o público espera actualmente de todos os produtos médicos regulamentados pela FDA (Carta do Conselho sobre a Qualidade Farmacêutica, 2004). Por conseguinte, a indústria das ciências da saúde, composta por organizações no campo da biotecnologia, fabrico de dispositivos médicos, diagnósticos, produtos farmacêuticos e fabrico à base de células e tecidos, são todos regulamentados pela Administração de Alimentos e Medicamentos dos Estados Unidos (Enterprise Florida, n.d.).

Este estudo utilizou um instrumento de investigação existente desenvolvido por Chwelos' et al (2001) teste empírico de um modelo de adopção de intercâmbio electrónico de dados (EDI) testando o modelo lacovou et al (1995). Foram desenvolvidas hipóteses para testar o modelo teórico do estudo e foram utilizadas técnicas estatísticas para testar as hipóteses do estudo e apresentar os resultados do estudo. Foi desenvolvido um modelo de sistemas de qualidade utilizando a modelação da equação estrutural. As variáveis independentes incluíram pressão competitiva, pressão da indústria, benefícios percebidos, recursos financeiros e sofisticação da gestão da qualidade, enquanto que a variável dependente era a intenção de adoptar sistemas de qualidade.

Foram encontradas relações significativas entre variáveis independentes e também entre as variáveis independentes e a variável dependente, uma vez que os oito coeficientes de percurso padronizados excederam todos o padrão mínimo de significância sugerido, demonstrando que havia um bom ajuste do modelo global. As pontuações médias indicam que a pressão competitiva é o factor mais importante que contribui para a intenção de adoptar sistemas de qualidade. Isto é corroborado por Chwelos, et al (2001) que também acharam que a pressão competitiva era o factor mais importante que contribuía para a intenção de adoptar o EDI. Os resultados deste estudo apoiam as hipóteses primárias do modelo de que os benefícios percebidos, a pressão externa e a prontidão organizacional são preditores adequados da adopção de Sistemas de Qualidade GMP e estão significativamente relacionados com a intenção de adoptar Sistemas de Qualidade.

ÍNDICE

CAPÍTULO I

INTRODUÇÃO

Antecedentes do problema

Esta secção será dividida em quatro subsecções. A primeira secção define e introduz a indústria das ciências da saúde. A segunda secção abrange a regulamentação da Administração Alimentar e dos Medicamentos dos Estados Unidos (FDA) de produtos fabricados pela indústria das ciências da saúde, ou seja, produtos baseados em tecidos e células, dispositivos médicos e medicamentos farmacêuticos, bem como a autoridade e os requisitos do sistema de qualidade da FDA para esta indústria. A terceira secção analisa eventos recentes altamente publicitados, tais como lesões e mortes de consumidores, que têm impulsionado ainda mais a procura de supervisão regulamentar por parte da FDA. A secção final analisa as recentes actividades de fiscalização da FDA, bem como o não cumprimento recente por parte das empresas de ciências da saúde na área da conformidade do sistema de qualidade, centrando-se depois nas empresas de ciências da saúde da Florida nesta mesma área.

Indústria das Ciências da Saúde

A indústria das ciências da saúde, também referida como a indústria das ciências da vida, é composta por organizações no campo da biotecnologia, fabrico de dispositivos médicos, diagnósticos, produtos farmacêuticos e fabrico à base de células e tecidos, todos eles regulamentados pela Administração de Alimentos e Medicamentos dos Estados Unidos (Enterprise Florida, n.d.). Os hospitais e centros de investigação médica envolvidos no fabrico de produtos à base de tecidos e de células também estão incluídos nesta categoria. A indústria da biotecnologia gera actualmente mais de 60 mil milhões de dólares em receitas a nível mundial (Ernst & Young, 2006) enquanto que a indústria de dispositivos médicos e produtos de diagnóstico em 2003 registou um volume de vendas anual de 160 mil milhões de dólares (Schaefer, 2003). Para proteger a saúde dos americanos, a FDA assegura que os dispositivos médicos e outros bens regulamentados no valor de $1 trilião de dólares anuais são seguros e eficazes (MasterControl White Paper, 2006).

Regulamento da FDA sobre produtos baseados em tecidos e células, dispositivos médicos e medicamentos

Os produtos que contêm, ou são constituídos por células ou tecidos humanos e que se destinam ao transplante, infusão, implantação ou transferência para sujeitos humanos para o diagnóstico, cura, tratamento ou prevenção de qualquer condição ou doença, são conhecidos como produtos baseados em tecidos e células (FDA dos Estados Unidos, 1 de Abril de 1999). Estão incluídos nesta categoria os "Novos Medicamentos de Investigação" ou produtos biológicos na fase preliminar de testes, referidos como Fase I, Fase II ou Fase III de Ensaios Clínicos.

A utilização de material humano em produtos destinados a transplante noutro ser humano apresenta desafios únicos não vistos nos medicamentos e dispositivos médicos, tais como a forma de prevenir a propagação de doenças transmissíveis. Nos últimos anos, cientistas de todo o mundo "desenvolveram novas técnicas, muitas derivadas da biotecnologia que melhoram e expandem a utilização de células e tecidos humanos como produtos terapêuticos". Estas técnicas prometem fornecer terapias para o cancro, SIDA, doença de Parkinson, hemofilia, anemia, diabetes, e outras doenças graves" (United States FDA Reinventing, 1997). A indústria de produtos celulares e tecidos está envolvida no processamento de órgãos e tecidos humanos, após colheita de dadores vivos ou mortos, o que resulta em produtos celulares que são transplantados para receptores humanos para curar doenças (US FDA Suitability Determination, 1999).

No início da década de 1990, surgiram questões profundas relativamente à segurança do tecido humano transplantado. Os Centros de Controlo e Prevenção de Doenças (CDC) relataram que o vírus da imunodeficiência humana (HIV) tinha sido transmitido através do transplante de tecido humano. Este relatório, juntamente com relatos de que tecido potencialmente inseguro estava a ser importado para os EUA para transplante em seres humanos, motivou uma investigação por parte do Comissário da Alimentação e Medicamentos. (Human Tissue, 1997).

A investigação levou à determinação da necessidade de proteger a saúde pública da transmissão de infecções como o VIH e a Hepatite B e C. Com base no relatório do CDC, o Grupo de Trabalho do Serviço de Saúde Pública foi convocado pelo Secretário Adjunto da Saúde para avaliar a necessidade e a estrutura da supervisão federal a ser desenvolvida para tecidos humanos. A recomendação do Grupo de Trabalho foi que as agências federais deveriam desenvolver e publicar orientações ou normas sobre o rastreio dos dadores, análise dos dadores, manutenção de registos de dadores e rastreio dos dadores para reduzir o risco de transmissão de doenças infecciosas tão "rapidamente quanto possível" (Human Tissue, 1997). O Grupo de Trabalho recomendou também que a FDA "continue a afirmar a sua jurisdição sobre tecidos numa base produto a produto para assegurar uma supervisão adequada" (Human Tissue, 1997).

O movimento para a regulação do tecido humano foi acelerado por uma audição realizada a 15 de Outubro de 1993 e presidida pelo Representante Wyden (mais tarde para se tornar Senador) perante a Subcomissão de Regulação, Oportunidades de Negócios e Tecnologia da Comissão de Pequenas Empresas. A audiência abordou a supervisão adequada dos bancos de tecidos humanos e foi apresentado o testemunho de que estavam a ser vendidos tecidos humanos de fontes estrangeiras nos Estados Unidos. Houve dúvidas quanto à segurança e qualidade destes tecidos estrangeiros disponibilizados nos EUA para transplante em humanos porque foram feitas alegações de que os testes adequados de doenças infecciosas e o rastreio médico não foram realizados nestes tecidos humanos utilizados nos EUA (Human Tissue, 1997).

Em resposta às conclusões do CDC e à audição do subcomité, a FDA emitiu uma regra provisória em Dezembro de 1993 e uma regra final em 1998, exigindo testes específicos de doenças transmissíveis (testes de SIDA e Hepatite) e rastreio de dadores para tecidos humanos destinados a transplantes (Determinação da Adequabilidade, 1999), (Inspecção de Estabelecimentos de Tecidos, 2001) & (Tecido Humano, 1997). Um destes documentos (Human Tissue, 1997) foi produzido em conjunto com a National Performance Review do Vice-Presidente, como resultado directo da Reinventing Government Initiative da Administração Clinton (Reinventing, 1997). O objectivo do regulamento era proteger a saúde pública através de uma supervisão governamental inovadora e razoável.

Em 25 de Maio de 2005, a Food and Drug Administration (FDA), uma agência do governo federal dos Estados Unidos da América, finalizou o sistema de regulamentação de produtos baseados em células e tecidos humanos, num esforço para aumentar a confiança pública nestes produtos e melhorar a protecção da saúde pública (Current Good Tissue Practice - Proposed Regulation, 2001; Current Good Tissue Practice - Final Regulation, 2004). A intenção da FDA, também referida como "a agência", é fornecer supervisão, ao mesmo tempo que "permite que uma inovação significativa avance sem restrições por requisitos regulamentares desnecessários" (Proposta de Abordagem, 1997). O sistema regulador do GTP exige que os estabelecimentos que fabricam produtos à base de células e tecidos humanos cumpram o GTP nas seguintes áreas: (1) registo do estabelecimento de cada instalação e de todos os produtos junto da FDA (2) adequação do dador, (3) manipulação, fabrico e processamento, (4) rotulagem e relatórios, (5) manutenção de registos, (6) manutenção do programa de qualidade, e (7) inspecção e aplicação das Boas Práticas Actuais em matéria de Tecidos - Regulamento Final, 2004).

Ao abrigo da Lei do Serviço de Saúde Pública de 1966, Secção 361, a FDA tem autoridade legal para "elaborar e aplicar os regulamentos necessários para impedir a introdução, transmissão, ou propagação de doenças transmissíveis entre os Estados ou de países estrangeiros para os Estados" (Suitability Determination, 1999). Este acto permite igualmente a delegação de autoridade do Cirurgião Geral ao Secretário, Saúde e Serviços Humanos e do Secretário à FDA.

Ao abrigo deste acto, as transacções interestatais são também regulamentadas, uma vez que certas doenças podem ser transmitidas através da infusão, transplante, ou transferência de produtos humanos baseados em células ou tecidos derivados de dadores infectados por doenças.

Ao contrário da recente implementação de requisitos de sistemas de qualidade para produtos baseados em tecidos e células, os requisitos de sistemas de qualidade para dispositivos médicos têm estado em vigor há quase uma década. O "Regulamento do Sistema de Qualidade (QSR)", os requisitos de BPF para dispositivos médicos, delineia os regulamentos que regem os métodos utilizados e as instalações e controlo utilizados na concepção, fabrico, embalagem, rotulagem, armazenamento, instalação e manutenção de todos os dispositivos acabados destinados a uso humano. As BPF QSR encontram-se na Parte 820 do Código dos Regulamentos Federais a seguir referido como o "Modelo de Sistemas de Qualidade".

O Modelo do Sistema de Qualidade consiste em requisitos para aqueles da indústria de dispositivos médicos envolvidos na utilização, concepção, fabrico, embalagem, etiquetagem, armazenamento, instalação e serviço de dispositivos médicos destinados ao uso humano. Este regulamento entrou em vigor a 1 de Junho de 1997. Existem catorze elementos básicos do Modelo de Sistema de Qualidade e estão descritos na tabela seguinte (Regulamento do Sistema de Qualidade, 1997).

Quadro 1: Requisitos do Modelo de Sistema de Qualidade

Requisitos do Modelo de Sistema de Qualidade para Dispositivos Médicos:		
cGMP	Sistema de Qualidade	Controlos de desenho
Controlos de documentos	Controlos de compra	Identificação e Rastreabilidade
Controlo da Produção e do Processo	Actividades de Aceitação	Produto não conforme
Correcção & Acção Preventiva	Rotulagem e Controlo de Embalagens	Manuseamento, armazenamento, distribuição, & instalação
Registos	Manutenção	Técnicas estatísticas

A FDA regulamentou os medicamentos ao abrigo das Boas Práticas de

Fabrico (BPF) durante mais de 40 anos e os requisitos para os fabricantes de medicamentos farmacêuticos encontram-se no Código de Regulamentação Federal de Medicamentos Acabados da FDA" (Current Good Manufacturing Practices, 1978). Os regulamentos GMP dos EUA não foram actualizados em mais de 20 anos (Mondabaugh, 2005). Contudo, só em 2002 é que a FDA deixou de inspeccionar medicamentos produto por produto e começou a inspeccionar utilizando uma abordagem sistémica (Washington Business Information, 2001). Embora os requisitos de qualidade estejam incluídos nos requisitos de BPF para medicamentos farmacêuticos, a FDA anunciou em 2004 que iria adaptar um sistema de qualidade que estabelece requisitos de qualidade para todos os produtos médicos regulamentados (Carta do Conselho sobre Qualidade Farmacêutica, 2004). O objectivo desta iniciativa era misturar sistemas de qualidade e abordagens de gestão de risco em programas existentes com o objectivo de encorajar o fabrico e a inovação tecnológica (Mondabaugh, 2005).

A difusão desta nova inovação, a aplicação de sistemas de qualidade à indústria das ciências da saúde, exigirá que a indústria aplique "técnicas modernas de gestão da qualidade, incluindo a implementação de abordagens de sistemas de qualidade a todos os aspectos da produção farmacêutica e da garantia da qualidade" (Pharmaceutical cGMP for the ^{21st} Century, n.d.). A mudança de paradigma para a indústria das ciências da saúde será para um ambiente de sistemas de qualidade em que a avaliação e gestão dos riscos serão as forças motrizes para a tomada de decisões, tanto do lado do fabrico como durante os períodos de desenvolvimento (Mondabaugh, 2005).

Eventos recentes da indústria altamente publicitados

Os meios de comunicação social têm desempenhado um papel importante na divulgação dos recentes acidentes trágicos em torno da questão da segurança da saúde pública dos produtos médicos. A Associated Press relatou um dos casos mais infames, em Dezembro de 2000. Envolveu um voluntário de ensaios clínicos com 18 anos, chamado Jesse Gelsinger, que tinha uma doença genética rara chamada deficiência de ornitina transcarbamilase (OTC). A doença resulta no bloqueio do processamento adequado de nitrogénio no corpo, resultando na libertação de amoníaco mortal na corrente sanguínea. OTC geralmente mata rapazes em tenra idade, mas Jesse tinha controlado a sua condição com drogas e uma dieta pobre em proteínas, o que acrescenta nitrogénio ao corpo (Recer, 2000).

Jesse inscreveu-se como o 18° voluntário num ensaio clínico de Fase I utilizando produtos de terapia genética (também considerado um produto baseado em células e tecidos), no Instituto de Terapia Genética da Universidade da Pensilvânia. Em Setembro de 2000, quatro dias após ter sido injectado com o produto genético terapêutico, Jesse morreu inesperadamente. A investigação e os resultados da FDA apontam para vários problemas preocupantes: (1) Os níveis de amónia de Jesse eram alegadamente demasiado elevados antes da sua injecção terapêutica; (2) Havia dúvidas sobre se Jesse era clinicamente estável, como seria necessário, antes do procedimento; (3) O investigador principal (responsável pelo ensaio clínico) tinha procedido a algumas injecções sem aprovação formal, como exigido pelo protocolo de investigação; e (4) A equipa da Pensilvânia não reportou a morte de macacos utilizados na mesma investigação de terapia genética. (Recer, 2000).

Um artigo da revista Time de 21 de Julho de 2002 intitulado "At Your Own Risk" relata que a morte parecia "especialmente escandalosa" uma vez que o investigador principal detinha uma participação de 30% na empresa que detinha os direitos de licenciamento do medicamento, utilizado no estudo, e a Universidade detinha 3,2% da empresa. Além disso, quando a empresa farmacêutica foi submetida a uma aquisição, o Investigador Principal terá ganho 13,5 milhões de dólares e a Universidade ganhou 1,4 milhões. O tempo passou a relatar que era frequentemente necessário o apoio financeiro das empresas para pôr em marcha a investigação, mas poderia haver um preconceito inconsciente quando existem ligações financeiras substanciais (Lemonick & Goldstein, 2002).

Outra tragédia de estudo de investigação trouxe um escrutínio intenso à questão da segurança pública dos voluntários da investigação. Este envolveu a morte de Ellen Roche, uma técnica de laboratório saudável de 24 anos e voluntária de estudo da asma na Universidade Johns Hopkins (Suarez, 2001). A investigação sobre esta tragédia pelo Gabinete de Protecção da Investigação Humana revelou algumas questões perturbadoras: (1) A investigadora da Universidade não tinha verificado adequadamente a existência de problemas com o composto de teste, chamado hexametónio, embora houvesse dados disponíveis na Internet sobre as suas propriedades de toxicidade pulmonar; (2) A voluntária, Ellen Roche, não tinha sido devidamente avisada quanto aos riscos do químico; e (3) Havia um padrão de falhas de segurança noutros ensaios clínicos na instituição (Suarez, 2001).

Um escândalo arrepiante noticiado a 28 de Janeiro de 2006 revelou que partes do corpo tinham sido roubadas de casas funerárias por uma empresa em Nova Jersey (Biomedical Tissue Services) e vendidas a distribuidores que as utilizavam em transplantes em todo o território dos Estados Unidos. O tecido foi retirado sem o consentimento das famílias falecidas e não foi efectuado o habitual rastreio do dador para doenças, idade e causa de morte. Os porta-vozes da FDA comentaram que o risco de infecção grave é bastante remoto, mas que o risco infeccioso real é desconhecido. (Powell & Segal, 2006). A FDA emitiu uma ordem para parar e suspender imediatamente a colheita, fabrico ou distribuição de produtos de tecido e células e uma recolha de todos os seus produtos obtidos em 25 de Maio de 2005 ou antes, declarando que os desvios observados na sua última inspecção, eram de natureza grave e "constituíam um perigo para a saúde" (US FDA, 2006a).

Devido aos recentes acontecimentos actuais, existe uma intensa pressão pública no sentido de aumentar as medidas regulamentares para prevenir futuros acidentes, ferimentos ou mortes. Pelo contrário, Lemonick & Goldstein (2002) relatam que os clínicos sentem que já há demasiada documentação regulamentar e que mais regulamentação irá retirar à ciência que deveriam estar a conduzir - "Alguns percalços hoje, dizem, podem ser o preço que pagamos para salvar milhares de vidas amanhã". Os registos federais mostram que desde 1999, pelo menos quatro pessoas que entraram em ensaios clínicos de saúde razoavelmente boa, acabaram mortas (o caso Hopkins e os casos da Universidade da Pensilvânia estão incluídos nestes números). (Lemonick & Goldstein, 2002). A FDA, num esforço para proteger o público, prosseguiu uma estratégia agressiva de aplicação da lei, envolvendo a emissão de cartas de advertência, injunções, injunções, detenções e condenações dos fabricantes de produtos considerados uma ameaça para a saúde pública (Livro Branco da FDA, 2003).

Aplicação recente da FDA devido à não conformidade dos sistemas de qualidade

Desde 2003, as acções mais significativas da FDA, aquelas que retiram produtos do mercado e que resultam em acusações criminais contra aqueles que prejudicariam o público, têm aumentado em grande medida. Dados dos anos fiscais de 1998 a 2002 mostram que as injunções aumentaram de 11 para 15, as recordações aumentaram de 3532 para 5025, as detenções aumentaram de 250 para 286 e as condenações aumentaram de 194 para 317 (Livro Branco da FDA, 2003). Só no primeiro semestre de 2003, a FDA emitiu uma dúzia de cartas de advertência a empresas sobre promoções enganosas de produtos farmacêuticos, incluindo empresas como Allergan, Inc., Amgen, Inc., GlaxoSmithKline, Novartis Ophthalmics, Inc., Aventis Behring L.L.C. e Purdue Pharma L.P., para citar algumas. O Livro Branco da FDA (2003) sobre a estratégia de aplicação agressiva da FDA relata uma série notável de multas recordes contra fabricantes de produtos médicos que vão desde vários milhões de dólares até 879 milhões de dólares por várias violações, incluindo o não cumprimento das Boas Práticas de Fabrico. O quadro 2, abaixo, apresenta um breve resumo das violações e multas associadas às empresas de ciências da saúde nos Estados Unidos entre 2000 e 2003.

Quadro 2: Multas e Violações das Empresas de Ciências da Saúde

Empresa de Ciências da Saúde	Montante Financiado	Violação	Data
TAP Farmacêuticos	879 milhões de dólares de acordo	Conspiração para cometer violações da Lei de Comercialização de Medicamentos com Prescrição	Outubro de 2001
Arado de Schering	500 milhões de dólares	Incumprimento das BPF	Maio de 2002
AstraZeneca	355 milhões de dólares de acordo	Fraude nos cuidados de saúde	Junho de 2003
Guia	$92,4 milhões	Falha na comunicação de avarias de dispositivos médicos	Junho de 2003
Aventis Farmacêuticos	33,1 milhões de dólares em multas e despesas	Envio de informação falsa à FDA	Outubro 2001
Wyeth Ayerst	30 milhões de dólares	Incumprimento das BPF	Outubro de 2000
Northland Fornecedor	$4,7 milhões	Revenda de fármacos	Agosto 2001

Em 2005, a FDA apreendeu mais de 6850 produtos da Baxter Healthcare e emitiu duas cartas de advertência à Boston Scientific for Quality System Regulation violations em duas das suas fábricas. Em Junho de 2005, a Boston Scientific concordou em pagar 74 milhões de dólares para resolver uma queixa civil federal (Dickinson, 2005). Uma pesquisa na base de dados da FDA de Cartas de Alerta relacionadas com violações dos requisitos do sistema de qualidade para estabelecimentos de dispositivos médicos no estado da Florida produziu 40 cartas de alerta emitidas entre Julho de 2002 e Janeiro de 2006 (FDA Warning Letters, n.d.).

Declaração do problema

Embora os casos notificados de morte ou ferimento de doentes não sejam estatisticamente significativos quando comparados com os milhões de doentes que não sofrem eventos adversos que terminam com a vida, a questão principal torna-se se existe alguma forma de evitar mortes ou ferimentos inesperados de doentes na indústria das ciências da saúde. A resposta e proposta da FDA para resolver esta questão é a aplicação de uma abordagem reguladora baseada no risco, exigindo que os sistemas de qualidade estejam presentes durante todas as fases de fabrico e teste de dispositivos médicos, medicamentos e tecidos e células, para assegurar uma qualidade consistente. Os regulamentos de sistemas de qualidade propostos para todos os produtos médicos fornecerão os regulamentos para cumprir esta tarefa. (Carta do Conselho da Qualidade Farmacêutica, 2004).

De acordo com a Carta do Conselho da Qualidade Farmacêutica da FDA dos EUA (2004), há mais de 40 anos que o Congresso dos EUA exige que todos os medicamentos sejam fabricados de acordo com as Boas Práticas de Fabrico Actuais (CGMP) e embora as últimas revisões abrangentes destes regulamentos tenham ocorrido há quase 25 anos e incluam requisitos de qualidade, a FDA não coordenou nem adoptou um sistema de qualidade para todos os produtos médicos regulamentados. Numa tentativa de trazer um enfoque do século XXI à regulamentação do fabrico farmacêutico e da qualidade dos produtos, a FDA anunciou em 2004 que iria empreender uma iniciativa de dois anos para coordenar e adaptar um sistema de qualidade que estabelecesse requisitos de qualidade para todos os produtos médicos regulamentados. O objectivo do controlo regulamentar é dar aos pacientes e médicos a promessa contínua de segurança que o público espera actualmente de todos os produtos médicos regulamentados pela FDA (Carta do Conselho da Qualidade Farmacêutica, 2004).

Finalidade do Estudo

Será estudada a difusão da inovação dos sistemas de qualidade na indústria das Ciências da Saúde da Florida. A região do Sul da Flórida está a tornar-se rapidamente um cluster das Ciências da Saúde e Amit, Schoephoerster, Carsrud, e Prasad (2004) relatam que a região do Sul da Flórida é uma das regiões mais concentradas da indústria biomédica nos EUA, com o condado de Miami-Dade em 10º lugar no emprego de dispositivos médicos e 13º lugar no emprego farmacêutico. Porter (1998) refere-se às concentrações geográficas de empresas e instituições ligadas num determinado campo como "clusters". Segundo Porter

(2001), a localização é importante para a inovação e recomenda que as empresas desenvolvam e comercializem a inovação no local mais atractivo, melhorando proactivamente o ambiente para a inovação e comercialização nos locais onde operam.

Embora uma vasta difusão da investigação em inovação tenha sido aplicada aos campos das tecnologias de informação e marketing (Rogers, 1976; Mahajan, Muller & Bass, 1990; Mahajan, Muller & Srivastava 1990; Iacovou, Benbasat & Dexter, 1995; Chwelos, Benbasat, & Dexter, 2001), este estudo aplicará os conceitos, modelos e teorias relacionados com a difusão de inovações à indústria das ciências da saúde.

O objectivo deste estudo é avaliar se as percepções das empresas sobre sistemas de qualidade como inovação influenciam a sua probabilidade de adoptar esta inovação nas suas práticas empresariais. A probabilidade de adopção de sistemas de qualidade nas práticas empresariais é a variável dependente deste estudo. As percepções das empresas sobre atributos específicos das práticas empresariais são as variáveis preditoras/independentes. Uma vez que tanto a probabilidade de adoptar sistemas de qualidade como as percepções dos sistemas de qualidade como inovação podem variar consoante o sistema empresarial/ciências de saúde em que as empresas operam, as características do seu negócio (com fins lucrativos vs. sem fins lucrativos, dispositivos médicos vs. farmacêuticos, etc.) serão examinadas como tendo um potencial efeito moderador sobre as variáveis dependentes e preditoras.

Pergunta de investigação

Os três factores do Iacovau (1995) (benefícios percebidos, pressão externa, e prontidão) são preditores adequados da adopção de Sistemas de Qualidade GMP?

Hipóteses propostas

H1: Maiores benefícios sentidos levarão a uma intenção significativa de adoptar Sistemas de Qualidade H2: Maior pressão externa levará a uma intenção significativa de adoptar Sistemas de Qualidade H3: Maior prontidão levará a uma intenção significativa de adoptar Sistemas de Qualidade Definição de Termos

Biológico. Qualquer vírus, soro terapêutico, toxina, antitoxina, ou produto análogo aplicável à prevenção, tratamento ou cura de doenças ou lesões do homem.

Célula. Uma célula é a subunidade básica de qualquer organismo vivo.

Ensaio Clínico. Um ensaio clínico é um estudo científico que é realizado em pessoas para determinar se um novo medicamento, procedimento ou tratamento é eficaz para curar ou melhorar uma condição da doença.

Órgãos doadores. Os órgãos do doador são órgãos inteiros como o coração, rim, fígado ou pâncreas que são removidos de um doador e colocados num receptor vivo cujo próprio órgão respectivo falhou ou não está a funcionar correctamente.

Droga. Artigos destinados à utilização no diagnóstico, cura, mitigação, tratamento, ou prevenção de doenças no homem.

Administração de Alimentos e Drogas (FDA). Uma agência do governo federal dos Estados Unidos que tem autoridade para regulamentar alimentos, medicamentos, cosméticos, produtos biológicos, vacinas, dispositivos médicos e outros produtos que estão directamente ligados à segurança pública em geral. A FDA tem autoridade legal para fazer cumprir estes regulamentos através de inspecções, sanções, multas, injunções e mesmo prisão.

Boas Práticas de Fabrico (BPF). O acrónimo, cGMP, significa Boas Práticas de Fabrico actuais e estas são as normas mínimas obrigatórias de segurança, qualidade, pureza, potência e eficácia dos produtos que devem ser cumpridas para serem consideradas em conformidade. As Boas Práticas de Fabrico (BPF) servem para normalizar e fornecer controlos para operações científicas de fabrico de modo a que os requisitos organizacionais, procedimentos operacionais normalizados, controlos de processo e produção, controlo de embalagem e rotulagem, controlo de qualidade, pessoal, edifício e instalações, equipamento, fornecimentos e reagentes, registos e relatórios, controlos laboratoriais e documentação cumpram as normas mínimas de conformidade. Os requisitos de

BPF são um elemento do Modelo de Sistemas de Qualidade para Dispositivos Médicos.

Boas Práticas Teciduais (GTP). GTP reflecte os requisitos de BPF das indústrias farmacêutica e sanguínea, mas acrescenta o elemento do estabelecimento de um programa de qualidade.

Modelo ISO 9001. O Modelo ISO 9001 é uma norma de qualidade mundial que se aplica a organizações que concebem, desenvolvem, produzem, instalam e prestam serviços a produtos.

Dispositivo Médico. Um instrumento, aparelho, implemento, máquina, aparelho, aparelho de aparelho, implante, reagente in vitro, ou outro artigo similar ou afim, incluindo uma parte componente, ou acessório que seja (1) reconhecido na National Formulary oficial, ou na United States Pharmacopoeia, ou qualquer suplemento dos mesmos, (2) destinado a ser utilizado no diagnóstico de doenças ou outras condições, ou na cura, mitigação, tratamento, ou prevenção de doenças, no homem ou noutros animais, ou (3) destinados a afectar a estrutura ou qualquer função do corpo do homem ou outros animais, e que não alcancem nenhum dos seus objectivos primários através de acção química dentro ou sobre o corpo do homem ou outros animais, e que não dependam de serem metabolizados para a realização de qualquer dos seus objectivos primários pretendidos.

Fase I de Ensaios Clínicos. Os ensaios clínicos da Fase I são acompanhados de perto os ensaios clínicos de um fármaco ou de uma vacina realizados num pequeno número de voluntários. Um ensaio da Fase I é concebido para determinar a segurança de um medicamento em seres humanos, o seu metabolismo e acções farmacológicas, e quaisquer efeitos secundários associados a doses crescentes.

Modelo de sistemas de qualidade para a indústria de dispositivos médicos. O Modelo do Sistema de Qualidade para Dispositivos Médicos consiste em requisitos para a indústria de dispositivos médicos envolvidos na utilização, concepção, fabrico, embalagem, rotulagem, armazenamento, instalação e serviço de dispositivos médicos destinados ao uso humano.

Recordar. A remoção ou correcção de um produto comercializado que a FDA considere estar a violar as leis que administra e contra as quais a agência iniciaria uma acção legal, por exemplo, a apreensão.

Abordagem de Sistemas ao Fabrico. Uma abordagem de sistemas é aquela em que a organização ou operações é vista como um grupo de sistemas inter-relacionados com subsistemas - em vez de olhar para as partes individuais. Os sistemas envolvem entradas, saídas e processos e uma mudança num sistema tem impacto no outro sistema, pelo que os problemas são resolvidos com uma abordagem holística.

Produtos à base de tecidos e celulósicos. Estes produtos são derivados de células e tecidos humanos e são utilizados como produtos terapêuticos. Podem também ser classificados como drogas, dispositivos ou produtos biológicos, com base na sua natureza terapêutica.

Gestão da Qualidade Total. A Gestão da Qualidade Total (TQM) é uma filosofia e um conjunto de princípios orientadores que representa a melhoria contínua de uma organização e integra técnicas de gestão, esforços de melhoria existentes, e ferramentas técnicas para o conseguir.

Carta de advertência. Um aviso oficial a um estabelecimento comercial regulamentado de que foram identificadas condições ou práticas condenáveis nas suas operações, que se esperam correcções, e que a não correcção das deficiências pode resultar em mais acções da FDA (Pharmaceutical cGMPS for the ^{21st} Century, n.d.).

CAPÍTULO II

REVISÃO DE LITERATURA

Este capítulo está dividido em três secções. A primeira secção dá uma história da gestão da qualidade total e dos sistemas de qualidade, a segunda secção discute a literatura sobre técnicas estatísticas como parte dos requisitos dos sistemas de qualidade para a melhoria da qualidade e a última secção é uma revisão da teoria da difusão de inovações. Gestão da Qualidade Total e Sistemas de Qualidade

As tentativas de monitorizar continuamente a qualidade dos cuidados de saúde datam de meados da década de 1880, quando Florence Nightingale mediu as taxas de infecção nos hospitais militares britânicos durante a Guerra da Crimeia para reduzir a taxa de mortalidade de 40 por cento para 2 por cento (Starr, 1982). Segundo Bauer, Reiner e Schamschule (2000), a primeira fase no desenvolvimento de sistemas de qualidade foi unicamente reactiva, análoga a termos que agora chamamos "sanções" e questões de "responsabilidade pelo produto" como as guildas na Idade Média que enfatizavam a qualidade do produto e potenciais sanções.

O jornalismo muckraking de Samuel Hopkins Adams em 1905 e 1906 expôs os médicos charlatães e os perigos gerais dos cuidados de saúde americanos, bem como o romance de Upton Sinclair, *A Selva* que expôs as condições nauseantes da indústria de empacotamento de carne. Como resultado destes dois exemplos, o Congresso aprovou o Pure Food and Drug Act em 1906 (Starr, 1982; FDA History, 2006) e a responsabilidade pelo produto e qualidade do produto passou para o governo e depois para especialistas (Bauer et al., 2000).

A fase seguinte do desenvolvimento de sistemas de qualidade ocorreu no início do século XIX, durante o segundo século da revolução industrial, com foco nos testes e inspecção antes da entrega ao cliente (Bauer et al., 2000). Freeman (1996) relata que poucos estão conscientes da poderosa influência que os princípios de gestão científica de Frederick Taylor tiveram na gestão da qualidade total (TQM) a partir de 1912. Taylor apelou à investigação metódica e científica dos elementos de cada trabalho para reduzir o desperdício e aumentar a produtividade, reduzindo assim o custo dos bens produzidos. Freeman afirma que Taylor compreendeu bem o papel da inspecção na defesa da qualidade, pois foi pioneiro no sistema de inspecção no início da produção, em vez de esperar pela inspecção apenas do produto acabado.

Há opiniões diferentes sobre os efeitos duradouros da gestão científica, uma vez que Juran (1992) afirma que muito aconteceu desde a revolução de Taylor para tornar obsoleto o princípio sobre o qual ele baseou os seus conceitos. Freeman (1996) reconhece que existem muitos pontos de vista diferentes sobre o tema do efeito da gestão científica sobre a TQM e chega a um compromisso quando afirma que "a TQM pode ser apenas uma gestão científica actualizada". Freeman explica que a gestão científica estava bem estabelecida na indústria japonesa no início da Segunda Guerra Mundial e era uma componente crítica do bem sucedido movimento de qualidade japonês.

A garantia de qualidade passou a ser vista como uma função técnica na última metade da década de 1920 com o desenvolvimento de métodos estatísticos pela Shewhart que foram postos em prática para a garantia de qualidade estatística (Bauer et al., 2000). Shewhart reuniu efectivamente as disciplinas de estatística, engenharia e economia e tornou-se conhecida como o pai do controlo de qualidade moderno. Shewhart passou a maior parte da sua carreira profissional nos Laboratórios Western Electric e Bell Telephone (1918 a 1956) onde enfrentou as tarefas de melhorar a fiabilidade dos sistemas de transmissão da Bell e diminuir a frequência de falhas e reparações. Para realizar estas tarefas, Shewhart salientou que trazer um processo de produção para um estado de controlo estatístico onde a variação de causa atribuível é eliminada e só a variação de causa casual permanece necessária para gerir economicamente um processo e introduziu o gráfico de controlo como uma ferramenta para distinguir entre a variação de causa atribuível e a variação de causa casual (ASQ, n.d.). A contribuição da Shewhart para a gestão da qualidade foi o conceito de que é mais barato conseguir qualidade através do controlo e melhoria dos processos do que através da inspecção de produtos e serviços (Joiner, 1996).

Foi feito progresso ao conceito de prevenção que peritos como Juran, Feigenbaum, Crosby, Ishikawa, e Deming promoveram (Bauer et al., 2000). Joseph M. Juran tem sido referido como o "pai da qualidade" devido à sua grande contribuição no alargamento dos conceitos de qualidade de apenas estatísticas para mostrar que a melhoria da qualidade é um processo contínuo (De Feo, n.d.). Juran iniciou a sua carreira na Western Electric no ramo de inspecção da fábrica da Hawthorne. Em 1937, Juran descreveu o princípio de Pareto, vulgarmente referido como a regra 80-20, com o nome do economista italiano Vilfredo Pareto, uma vez que 80 por cento da variação ou problemas do processo provêm de 20 por cento das causas.

Juran introduziu a trilogia Juran que delineou os três componentes-chave da gestão da qualidade como planeamento, controlo e melhoria (Phillips-Donaldson, 2004). Juran ensinou que planeamento de qualidade significa construir qualidade no processo desde o início, controlo de qualidade significa manter o desempenho de um processo e melhoria da qualidade significa mudar um processo para melhorar o seu desempenho (Bisognamo, 2004).

Armand V. Feigenbaum acrescentou ao conceito de qualidade quando definiu o controlo de qualidade total, onde "total" se referia a uma utilização abrangente da garantia de qualidade, sendo a satisfação do cliente o objectivo final. Feigenbaum acrescentou aos princípios de qualidade total ao estabelecer uma base económica para definir a qualidade total e ao integrar conceitos e métodos anteriores de controlo de qualidade numa disciplina sistemática. Feigenbaum iniciou a sua carreira na General Electric em 1937 e aí aplicou técnicas de qualidade durante 25 anos (Watson, 2005a).

Phillip Crosby criou o conceito de defeito zero com a premissa de que os defeitos devem ser prevenidos, não encontrados e corrigidos. Crosby também compreendeu que a gestão de topo era fundamental para estabelecer o padrão de desempenho e apoiá-lo com os recursos apropriados para fornecer um produto ou serviço de qualidade (Crosby, 2006). Crosby propôs que zero defeitos não significa perfeição, mas sim a atitude de prevenção de defeitos ao fazer o trabalho correctamente da primeira vez (Watson, 2005b) . Em 1967, Crosby foi citado como tendo dito "Penso que os gestores começam a ver o conceito de zero defeitos como um conceito que visa principalmente a gestão de todos os níveis e não os trabalhadores" (May Quality Archives, 2001).

Kaoru Ishikawa também acreditava na qualidade através da liderança e foi o maior impulsionador da qualidade no Japão, bem como o maior responsável pela tradução das lições de qualidade de Demings e Juran para o movimento de qualidade japonês. Ishikawa foi o pai dos círculos de controlo de qualidade e contribuiu ainda mais para o conceito de qualidade, demonstrando que uma combinação de múltiplas ferramentas de qualidade é vantajosa para os esforços de qualidade. Uma destas ferramentas incluía uma ferramenta gráfica chamada diagrama de espinha de peixe, diagrama de Ishikawa ou diagrama de casue-and-effect que desenvolveu em 1969 e que é utilizada para explorar e exibir a causa e o efeito da variação do processo (Bauer et al., 2000; Watson, 2004; Hackman & Wagerman, 1995).

W. Edwards Deming, após ter sido ignorado na América, foi ao Japão após a Segunda Guerra Mundial para ensinar os métodos japoneses de melhoria da qualidade. O resultado hoje, 50 anos depois, é que o Japão domina o mercado global em termos de fabrico eficiente de produtos de precisão de alta qualidade, tais como automóveis (Deming Interaction, 2006). Deming (1967) reconhece ter o privilégio de trabalhar de perto com Shewhart ao longo dos anos como seu protegido nos Laboratórios Bell e diz de Shewhart, "foi a Dra. Shewhart que enfatizou a teoria da probabilidade como a ferramenta do estatístico" e continua a enfatizar que embora a utilização da carta de controlo para a detecção da causa atribuível seja muito importante, para além da causa atribuível existe o importante problema das causas comuns de variabilidade, imputáveis à gestão. Deming defendeu as ideias de Shewhart no Japão e desenvolveu algumas das propostas práticas de Shewhart em torno da inferência científica e nomeou a sua síntese de ciclo de Shewhart, o conceito de causa 'especial' e causas 'comuns' de variação, aquilo a que Shewhart se referiu como causa 'atribuível' e 'casual' de variação, respectivamente (Gitlow, 1994).

A Deming desenvolveu a consciência dos sistemas envolvidos na Gestão da Qualidade Total no final da década de 1980. Gitlow (1994) define um sistema como uma compilação de componentes que estão inter-relacionados e têm um objectivo comum. A abordagem de sistemas é aquela em que a organização ou operações é vista como um grupo de sistemas inter-relacionados com subsistemas com entradas transformadas em processos para produzir resultados. A abordagem sistémica olha para todo o sistema em vez de olhar apenas para as partes individuais (Mandal, Howell & Sohal, 1998) e, com base nisto, os sistemas de qualidade têm a ver com a gestão eficaz do processo que envolve a utilização de métricas para medir as características chave do produto ou serviço (Reid, 2001). Gestão da Qualidade Total (TQM) é uma filosofia e um conjunto de princípios orientadores que representa a melhoria contínua de uma organização e integra técnicas de gestão, esforços de melhoria existentes, e ferramentas técnicas para o conseguir (Kanji, 1998). Existem muitas definições diferentes de sistemas de qualidade na literatura e algumas têm usado o termo como sinónimo de gestão da qualidade total e melhoria contínua da qualidade (Dowd & Tilson, 1996; Shortell, et al., 1995).

Douglas e Judge (2001) resumem que os princípios da TQM são alcançados através de um conjunto de práticas que apoiam a filosofia TQM e esta filosofia dita que as práticas "funcionam como um sistema interdependente". A literatura recente sobre TQM identifica as sete práticas-chave que apoiam a filosofia TQM como (1) envolvimento da equipa de liderança, (2) adopção de uma filosofia de qualidade, (3) foco na formação orientada para TQM, (4) foco no cliente, (5) melhoria contínua dos processos, (6) gestão por factos, e (7) utilização dos métodos TQM (Douglas & Judge, 2001).

Embora a TQM já nos anos 50 fosse aplicada principalmente à produção industrial, particularmente à indústria automóvel, a indústria de cuidados de saúde só começou a abraçar estes conceitos de gestão em meados dos anos 90 e a implementação de um sistema eficaz de gestão da qualidade foi frequentemente vista como a forma de aumentar a eficiência, reduzir custos e melhorar o serviço ao cliente (Bishop, 2004). McCarthy (2006) informa que vários hospitais americanos estão a adoptar as técnicas de produção da Toyota, o fabricante japonês de automóveis, para diminuir os custos, reduzir os erros e aumentar a satisfação dos pacientes.

O desenvolvimento da Gestão da Qualidade Total pela Deming levou à última fase do desenvolvimento de sistemas de qualidade denominada Bauer "excelência empresarial", definida como uma "abordagem global de sistemas, um forte enfoque na melhoria e um controlo sistemático de todos os recursos" (Bauer et al., 2000). Dentro da fase de excelência empresarial, Mandal et al. (1998) aplicaram o conceito de dinâmica de sistemas ao processo de melhoria da qualidade, onde são descritas as relações e influências entre as actividades de melhoria da qualidade, os sistemas técnicos e os sistemas de gestão.

Dentro de qualquer sistema, existem ligações entre os subsistemas de modo que uma mudança num subsistema terá um impacto sobre os outros subsistemas em intensidades variáveis, necessitando a dinâmica do sistema para ter uma visão holística dos problemas. (Mandal et al., 1998). Bauer et al. (2000) apoiam a importância de ver cada organização como um sistema, vendo todos os recursos dentro dessa organização como elementos do sistema, e afirmando que todos estes elementos fazem parte do sistema de qualidade global, afirmando que "a dinâmica do sistema apoia ideias do movimento das relações humanas como a abordagem abrangente do sistema de TQM e a excelência empresarial". Um sistema de qualidade é simplesmente uma forma sistemática de assegurar a qualidade para toda a empresa com um sistema que é agora proactivo, ou seja, implementar sistemas baseados na redução do risco para que os problemas não aconteçam, em vez de ser reactivo, ou seja, encontrar o problema e resolvê-lo antes que chegue ao cliente. (Bishop, 2004).

Shortell et al. (1995) referem a aplicação dos princípios de controlo de qualidade industrial para a prestação de serviços de saúde como TQM ou CQI e realizaram uma investigação empírica para avaliar o impacto da melhoria contínua da qualidade/gestão total da qualidade em 61 hospitais dos EUA localizados no oeste e no centro-oeste. Os hospitais considerados como locais CQI/TQM foram os que relataram uma integração e envolvimento activos dos cinco ideais CQI/TQM definidos como tal: (1) um enfoque nos processos e sistemas organizacionais como causas de fracasso em vez de indivíduos, (2) o uso de abordagens de resolução de problemas baseadas na análise estatística, (3) o uso de equipas de funcionários inter-funcionais, (4) funcionários capacitados que poderiam identificar problemas e oportunidades e tomar medidas de melhoria e (5) um enfoque claro tanto em clientes internos como externos. Shortell e colegas descobriram que uma cultura organizacional participativa, adaptável e arriscada estava significativamente relacionada com a implementação da melhoria da qualidade e que a implementação da melhoria da qualidade, por sua vez, estava positivamente associada à melhoria dos resultados percebidos e ao desenvolvimento dos recursos humanos.

Bigelow e Arndt (1995) relatam que, numa revisão da literatura sobre cuidados de saúde, a TQM tem sido descrita como uma resposta ao aumento do consumismo, aumento da concorrência e aumento das pressões institucionais para melhorar o desempenho financeiro e operacional, melhorar a qualidade e melhorar a competitividade. O aumento do consumismo levou à procura de instalações de cuidados de saúde para aumentar ao mesmo tempo a eficiência e eficácia, eliminando assim o tradicional conflito entre custo e qualidade e a TQM é vista como uma forma de o conseguir. A política de saúde incentiva tanto a concorrência como o controlo de custos e a TQM é retratada como uma forma de melhorar a competitividade. A pressão da Joint Commission for Accreditation of Healthcare Organizations (JCAHO), bem como a pressão de outros hospitais, resultou na adopção da TQM por parte de muitos hospitais.

Bigelow e Arndt (1995) dividiram a literatura sobre TQM na indústria dos cuidados de saúde em cinco categorias: descritiva, orientada para a implementação, estudos de casos, inquéritos, ou cautelares. Os artigos descritivos ou definitivos forneciam informação básica sobre a TQM nos hospitais, enquanto que os artigos de implementação forneciam primários sobre como implementar a TQM e também davam avisos sobre os perigos que poderiam ocorrer durante a implementação. Estudos de caso deram exemplos para ilustrar como os hospitais implementaram a TQM ou incluíram entrevistas com CEOs sobre as suas experiências de TQM. Os artigos de inquérito centraram-se principalmente na difusão e artigos de advertência apontaram os nossos dados insuficientes que provam a eficácia da TQM para justificar a sua adopção. Os autores concluíram que os artigos tomavam por garantido que a TQM é benéfica em todos os aspectos e a mensagem geral era que todos os hospitais deveriam implementar a TQM apesar da falta de estudos empíricos bem concebidos para examinar o efeito da TQM.

Do mesmo modo, Motwani, Sower e Brashier (1996) examinaram a implementação de programas de TQM na indústria da saúde e, com base na literatura, dividiram a literatura em quatro correntes de investigação (definição, estudos de caso, implementação, e avaliação/execução bem sucedida). O fluxo de investigação #1 abrangeu a definição e os artigos gerais sobre gestão da qualidade nos cuidados de saúde, enquanto o fluxo de investigação #2 tratou de toda a gama de estudos normativos realizados na sua maioria por profissionais. O fluxo de investigação #3 cobriu o desenvolvimento de modelos conceptuais para avaliação e implementação de estratégias de gestão da qualidade e o fluxo de investigação #4 foi o resultado de toda a investigação feita sobre TQM nas áreas de avaliação e implementação bem sucedida por organizações de cuidados de saúde. Os autores desenvolveram então um modelo sugerido de programação estratégica em cinco fases para a implementação da TQM/CQI, onde as fases são a sensibilização e o empenho, o planeamento, a programação, a implementação e a avaliação.

Há um consenso geral de que o controlo da qualidade dos cuidados de saúde não é possível sem a utilização de indicadores de qualidade. No entanto, não existe um quadro universalmente aceite para medir os indicadores de qualidade (Mainz, 2004). Em 1995, o Baldrige Health Care Criteria foi especificamente desenvolvido para organizações de cuidados de saúde como fonte de orientação para os esforços de gestão da qualidade. Este critério específico resultou do desenvolvimento original do Prémio Nacional de Qualidade Malcolm Baldrige (MBNQA), desenvolvido pelo Instituto Nacional de Normas e Tecnologia (NIST) em 1987 (Goldstein e Schweikhart, 2002). Existem fortes paralelos entre o TQM e os sistemas de gestão de qualidade Baldrige Criteria e Carman et al. (1996) realizaram um estudo longitudinal de 2 anos de 10 hospitais para analisar a viabilidade de implementar programas TQM/CQI utilizando as percepções dos funcionários para verificar como a construção de Baldrige prevê o desempenho hospitalar.

O estudo revelou que (1) os funcionários habilitados criaram maiores ganhos de resultados em oposição à melhoria do processo de equipa por si só; (2) a intensidade do envolvimento dos participantes contribui para a melhoria da qualidade dos resultados; e (3) que a cultura influencia a satisfação dos pacientes mas não a eficiência económica. Goldstein e Schweikhart (2002) utilizaram o quadro Baldrige Award Health Care Criteria para investigar se os sistemas de gestão da qualidade estão relacionados com os resultados organizacionais e a satisfação do cliente nas organizações de cuidados de saúde e forneceram provas de que o quadro Baldrige Quality Management é um guia eficaz para gestores em busca de um melhor desempenho organizacional.

Samson e Terzioski (1999) conduziram um grande estudo de campo de empresas fabricantes na Austrália e Nova Zelândia para examinar as relações entre as práticas de TQM e o desempenho operacional para um desempenho firme utilizando os Critérios de Baldrige modificados. Reportaram que a liderança, a gestão de pessoas e o foco no cliente eram os preditores mais fortes e significativos do desempenho operacional.

<u>Técnicas estatísticas como parte de sistemas de qualidade</u>

Historicamente, um dos elementos chave de qualquer sistema de qualidade, as técnicas estatísticas, foi inicialmente proposto por W. Edwards

Deming e a utilização de princípios estatísticos estabelecidos pelo seu colega Walter A. Shewhart, para processos de fabrico. Outros colaboradores no processo do que é agora referido como melhoria contínua da qualidade (CQI) incluem Joseph M. Juran, Armand Feigenbaum, Kaoru Ishikawa, George Box e Genichi Taguchi (Young & Winistorfer, 1999).

A investigação demonstrou que a concentração na melhoria contínua da qualidade (CQI) utilizando técnicas estatísticas pode ajudar as organizações de saúde a estudar e melhorar os processos através da melhoria da qualidade (Motwani, Klein & Navitskas, 1999; Shortell et al., 1995) e que a adopção de modelos de qualidade como o ISO 9000 facilita a melhoria contínua, tornando a qualidade uma parte da cultura organizacional e melhorando as relações cliente-fornecedor da organização (Heller & Mullin, 1993). Dowd e Tilson (1996) sustentam que se a qualidade for melhorada, os custos diminuem, a produtividade aumenta e um produto melhor a um preço mais baixo está disponível para o mercado, o que, por sua vez, melhora a vantagem competitiva de uma organização, beneficia os seus empregados, e aumenta as oportunidades de emprego.

Dowd e Tilson (1996) relatam que a melhoria da qualidade se baseia nos princípios de gestão de W. Edwards Deming, um "engenheiro e estatístico que acreditava firmemente que uma abordagem de sistemas - apoiada por dados e pela utilização eficaz dos recursos humanos - produziria um produto de qualidade". Eles relatam que sob a "regra 85/15 de Deming", o processo é a fonte de 85 por cento dos problemas de uma organização e o pessoal causa 15 por cento desses problemas, portanto, a qualidade torna-se a força motriz e os sistemas e processos de qualidade são avaliados para melhoria contínua.

Young and Winistorfer (1999) cita o princípio de Pareto de Juran de que 80% da variação do processo provém de 20% dos problemas. A adopção desta crença significará que variações fora dos limites de controlo estabelecidos (conhecidos como variação de causa especial) podem ser organizadas por tipo de evento para desenvolver acções correctivas para eliminar estes eventos de recorrência, resultando numa redução da variação e numa melhoria contínua do sistema. A redução da variação é benéfica uma vez que o objectivo global da melhoria contínua é reduzir a variação em todas as fases do processo de fabrico, num esforço para reduzir os custos e melhorar a qualidade (Young & Winistorfer, 1999).

Um dos princípios das boas práticas de fabrico (BPF) para dispositivos médicos, produtos baseados em tecidos e células e produtos farmacêuticos é o fabrico sob um estado de controlo onde o controlo de qualidade e outros controlos de monitorização são realizados ao longo do processo de fabrico, em vez de apenas no final, onde a inspecção final é o único sistema de controlo de qualidade (US FDA-GMP, 1978; US FDA-QS, 1997; US FDA-GTP, 2004). O controlo estatístico do processo (SPC), tal como o GMP, aplica o princípio da teoria da amostragem como parte do processo de produção e estende-se para além deste princípio, acrescentando análises detalhadas do processo de produção utilizando ferramentas tais como gráficos de análise do fluxo do processo (Young & Winistorfer, 1999). Uma análise detalhada do processo de produção torna-se valiosa uma vez que uma compreensão de como todo o processo funciona é vital para a optimização do sistema global versus a compreensão apenas das partes componentes, o que leva à optimização subsequente dos processos individuais e à possível sub-optimização do sistema global.

Gustafson e Hundt (1995), utilizando a investigação na literatura sobre inovação, extraíram factores que distinguem as inovações bem sucedidas das inovações falhadas e relataram que os resultados da inovação apoiam grandemente o cliente e a mentalidade de qualidade, dois dos princípios da TQM para os cuidados de saúde. A intenção do estudo de Gustafson and Hundt era obter conhecimentos úteis de estudos de inovação industrial para a implementação e aplicação da TQM nos cuidados de saúde.

Teoria da Difusão de Inovações

Os estudos de difusão são concebidos com a consciência de que as pessoas de uma determinada indústria estão conscientes dos novos desenvolvimentos e a difusão de inovações é o estudo desta consciência, das suas consequências e o exame de como estas práticas são difundidas (Strang & Soule, 1998). Drucker (2002) salienta que o tempo global de espera entre o surgimento de novos conhecimentos e esta inovação que surge nos produtos, processos ou serviços é de cerca de 50 anos. Os estudos de difusão empregam o uso de técnicas estatísticas para determinar os padrões e taxas de adopção e difusão das inovações. Sistemas de qualidade tais como TQM, CQI, FDA Quality Systems Requirements, e Baldrige Health Care Criteria também empregam a utilização de técnicas estatísticas mas com o objectivo de criar tendências e medir a qualidade.

O estudo da difusão das inovações começou com o livro de Tarde de 1903 sobre *As Leis da Imitação* (como citado em Wejnert, 2002). Bryce Ryan e Neal Gross' estudo seminal da difusão do milho híbrido de semente entre os agricultores de Iowa no início da década de 1940 foi o padrão inovador para a investigação da difusão (Rogers, 1976). Rogers (1976) contribuiu com a teoria pioneira da adopção e difusão de inovações ao ver o processo de difusão como uma sequência sistemática de eventos. Rogers sustentou que a adopção de milho híbrido pelos agricultores no estudo de Ryan e Gross seguiu uma distribuição normal quando traçada numa base não cumulativa ao longo do tempo (Figura 1), o que levou à amplamente reconhecida curva cumulativa de difusão de produtos em forma de s (Figura 2).

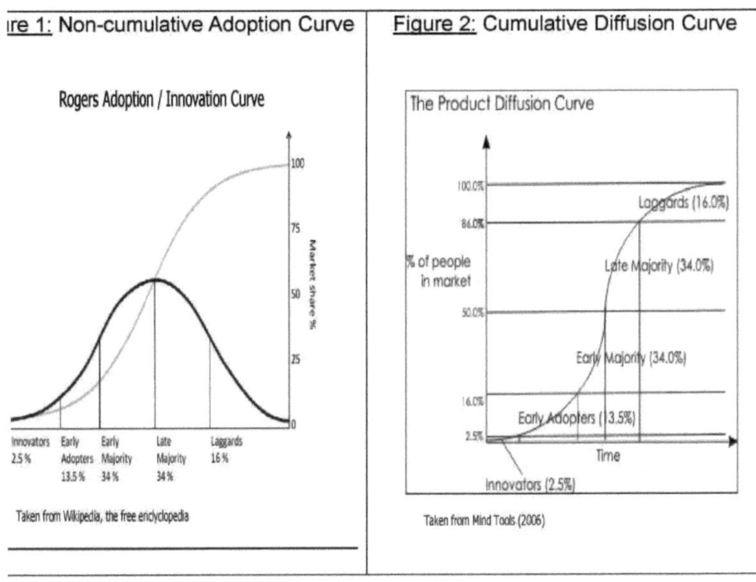

Everett Rogers é um dos escritores mais notáveis na difusão de inovações campo começando com o seu trabalho inicial de exploração das decisões dos agricultores de adoptar inovações, continuando com o seu livro, *Difusão de inovações* (Rogers, 1995), designado como Clássico de Citação em 1990 pelo Instituto de Comunicação Científica com base no número de citações que recebeu, e continuando ainda com os muitos artigos que escreveu sobre este tema (McGrath & Zell, 2001). Uma investigação sobre a difusão de um novo medicamento receitado, patrocinada pela empresa farmacêutica Pfizer, foi conduzida em 1966 por Coleman, Katz e Menzel (Rogers, 1976; Strang et al., 1998). Wejnert (2002) relata que desde a publicação de Rogers, foram escritos milhares de artigos de investigação sobre a difusão de inovações em áreas como a agricultura, tecnologia, controlo da fertilidade, política e reforma política.

Os elementos centrais do modelo clássico de Roger de difusão de novas ideias são que (1) a inovação, definida como uma ideia, prática ou objecto é percebida como nova por uma unidade de adopção, (2) que é comunicada através de canais específicos (3) ao longo do tempo e (4) entre os membros de um sistema social (Rogers, 1976). Para além de estabelecer os elementos centrais do modelo clássico de difusão de novas ideias, Rogers (1976) concluiu que o tempo é um elemento explícito de toda a investigação de difusão, mas que a sua medição em estudos anteriores era uma das limitações desta investigação, uma vez que a medição do tempo dependia de dados de recordação.

O estudo de Edwin Mansfield de 1961 sobre o processo de difusão industrial investigou a disseminação de doze inovações em quatro indústrias de carvão betuminoso, ferro e aço, cervejarias e caminhos-de-ferro. Mansfield apresentou um modelo simples para explicar as diferenças na velocidade a que as doze inovações se espalharam entre as referidas indústrias. Thomas Robertson (1967) comparou o modelo de difusão rural de Roger com o modelo de difusão industrial de Mansfield e concluiu que o modelo de Mansfield confirmou o modelo de Rogers a um grau considerável.

Norton e Bass (1987) desenvolveram um modelo de previsão que incluía tanto a difusão como a substituição de gerações sucessivas de produtos de alta tecnologia, a fim de fornecer uma base para avaliar e prever a influência das novas tecnologias sobre as anteriores. Alegaram que a procura de uma tecnologia mais antiga pode continuar a crescer, mesmo quando a substituição de novas tecnologias estiver em curso. Norton e Bass (1992) continuaram a dar uma confirmação empírica para autenticar o seu modelo da relação entre as sucessivas gerações de produtos e a procura. Demonstraram que o modelo aplicado a várias categorias de produtos no que denominaram "Lei da Captura", oferecendo que a forma como a nova geração tecnológica capta a procura das gerações anteriores é essencialmente a mesma para diversos grupos de produtos.

Mahajan, Muller e Bass (1990) apresentaram uma revisão dos novos modelos de difusão de produtos em marketing e afirmaram que a principal força fundamental para a compreensão da dinâmica de difusão da inovação é o modelo de Bass de 1969. Mahajan, Muller e Srivastava (1990) utilizaram a lógica principal do modelo clássico de adopção de Rogers e desenvolveram categorias de

adoptantes para uma inovação de produto no contexto do marketing, utilizando modelos de difusão centrais adicionais, tais como o modelo de Bass, e criaram cinco categorias - inovadores, adoptantes precoces, maioria precoce, maioria tardia e atrasados.
Moore e Benbasat (1991) desenvolveram um instrumento para medir as percepções da adopção inicial e difusão de inovações nas tecnologias de informação. O seu instrumento de 38 itens é composto por oito escalas a serem utilizadas como instrumento para estudar a adopção inicial e difusão de inovações, nomeadamente, voluntariedade, imagem, vantagem relativa, compatibilidade, facilidade de utilização, demonstrabilidade de resultados, visibilidade e experimentabilidade.

Iacovou, Benbasat & Dexter (1995) identificou os três principais factores que influenciam as práticas de adopção de intercâmbio electrónico de dados (EDI) das pequenas empresas. O modelo (Figura 3), baseado numa revisão da literatura, propôs que três factores, ou seja, (1) os benefícios percebidos do EDI, (2) a prontidão organizacional, e (3) a pressão externa foram reconhecidos como as principais razões para explicar possivelmente o comportamento de adopção das pequenas empresas e o efeito antecipado da tecnologia.

Figura 3: Proposta de Modelo de Adopção de EDI para Pequenas Empresas

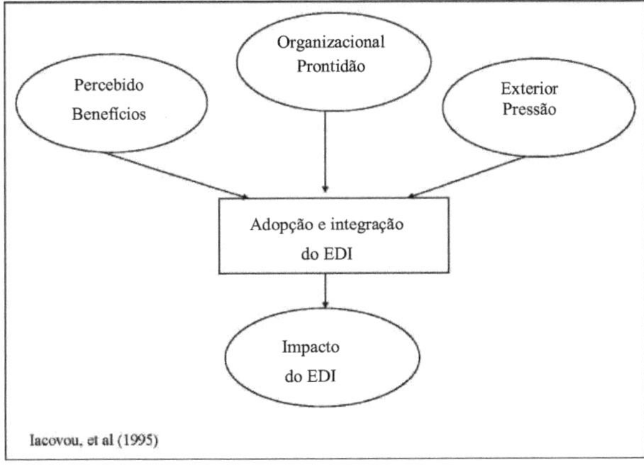

Iacovou et al. (1995) utilizaram a sua investigação empírica para concluir que a principal razão pela qual as pequenas empresas adoptam o EDI se deve à pressão externa dos parceiros com quem fazem negócios. Observaram ainda que um grande número de pequenas empresas tendia a carecer tanto da elevada prontidão organizacional como da consciência dos benefícios que são necessários para sistemas integrados de alto impacto.

Chwelos, Benbasat e Dexter (2001) desenvolveram um modelo para a adopção do intercâmbio electrónico de dados que concluiu que os três factores (prontidão organizacional, pressões externas e práticas de adopção) eram preditores significativos da intenção de adoptar o EDI, sendo a pressão externa e a prontidão muito mais críticas do que os benefícios percebidos. As fontes de pressão externa incluíram pressão competitiva, dependência dos parceiros comerciais, poder dos parceiros comerciais decretado, e pressão da indústria, enquanto as fontes de prontidão incluíram recursos financeiros, sofisticação das TI e prontidão dos parceiros comerciais.

Wejnert (2002) forneceu um quadro teórico para combinar o sortido de variáveis identificadas na investigação de difusão para clarificar o seu efeito na decisão de um actor de adoptar uma inovação. O seu quadro agrupou variáveis em três componentes principais, (1) características da própria inovação, (2) características dos inovadores ou actores e (3) características do contexto ambiental.

Lee, Lee e Schumann (2002) exploraram como a comunicação influencia a decisão de um consumidor de adoptar inovações tecnológicas na área da banca electrónica. Identificaram as três principais fontes de informação da sociedade como sendo as de marketing - fornecidas como a indústria ou uma empresa, terceiros independentes como o governo ou agências independentes e interpessoais como a família ou amigos. Lee et al. (2002) concluíram que os factores de comunicação podem servir como preditores significativos da adopção de inovações tecnológicas por parte dos consumidores e que as preferências dos consumidores pelas fontes e modalidades de comunicação diferem para vários segmentos de adoptantes.

Lu, Yu, Liu e Yao (2003) desenvolveram um modelo de aceitação tecnológica para a Internet sem fios com dispositivos móveis que incluía novas construções tais como complexidade tecnológica, diferenças individuais, condições facilitadoras, influências sociais e ambiente de confiança sem fios. McDonald, Corkindale e Sharp (2003) conduziram um estudo demonstrando que as variáveis que derivavam de um ponto de vista de utilidade e consciencialização eram um preditor mais preciso e valioso do ponto de vista da gestão do que as variáveis demográficas retiradas dos estudos clássicos de difusão de Rogers.

No âmbito dos cuidados de saúde, Dopson, FitzGerald, Ferlie, Gabbay e Locock (2002) realizaram um estudo empírico sobre a difusão de inovações nos cuidados de saúde no Reino Unido como resultado do impulso crescente para aplicar os princípios da medicina baseada na evidência (EBM) na prática clínica. O movimento EBM baseia-se nos resultados de um grande corpo de investigação que sugere que existe uma lacuna significativa entre o que

A investigação é conhecida e o que é utilizado na prática clínica e que isto pode ter consequências graves para a saúde das pessoas. Dopson et al. (2002) concluíram que os indivíduos e grupos envolvidos na determinação da política clínica fazem parte de redes altamente complexas de relações sociais que afectam a sua prática, resultando em dificuldades na introdução de melhorias baseadas em provas.

O estudo empírico de Denis, Herbert, Langley, Lozeau e Trottier (2002) traçou o processo de difusão de quatro inovações, numa tentativa de explicar por que razão algumas inovações cientificamente sólidas nos cuidados de saúde são subutilizadas, enquanto outras inovações menos solidamente apoiadas são amplamente aceites na prática clínica e concluiu que a difusão e adopção de inovações é um processo social e político em que os benefícios e riscos das tecnologias são distribuídos de forma desigual, definidos localmente, e terão, portanto, diferentes influências sobre os decisores individuais. Denis et al. (2002) concluíram que um modelo de tomada de decisão que pressupõe um cálculo unificado baseado na evidência, não se espera que explique completamente os padrões de difusão.

A literatura sugere que o processo de adopção e difusão da inovação pode assumir diversas formas (Denis et al., 2002) e Abrahamson (1991) contrasta um modelo racional de inovação baseado em provas científicas com um modelo institucional onde as inovações são adoptadas através da imitação de organizações mais prestigiadas, enquanto outras sugeriram uma natureza social, hierárquica e política da tomada de decisões organizacionais (Feldman & March, 1981; Langley, 1989).

Sistemas de gestão de qualidade tais como TQM, CQI, Baldrige Criteria ou FDA Quality System Regulations, todos se concentram em processos e sistemas ao mesmo tempo que enfatizam a análise e melhoria contínuas em vez de focar indivíduos ou sintomas e destacar os casos isolados e a conformidade com as normas (Bigelow & Arndt, 1995). A utilização de técnicas e análises estatísticas é uma componente chave dos sistemas de gestão da qualidade para resolver problemas e melhorar continuamente. Do mesmo modo, a utilização de técnicas estatísticas como a curva de distribuição normal utilizada para desenvolver a adopção não cumulativa e as curvas de difusão cumulativa para ajudar a analisar e prever como as novas inovações são difundidas, é um princípio central da teoria da difusão de inovações (Rogers, 1995).

CAPÍTULO IIIMETHODOLOGIA

Este capítulo irá definir a concepção e a metodologia de investigação para este estudo. Mais especificamente, descreverá a amostra e a população correspondente, instrumentos e distribuição dos inquéritos, variáveis de investigação e definições operacionais, questões de investigação com as respectivas hipóteses e análises, procedimentos, investigação e concepção, e um esboço dos métodos de recolha de dados a serem utilizados.

Visão geral

A indústria das ciências da saúde, também referida como a indústria das ciências da vida é composta por organizações no campo da biotecnologia, fabrico de dispositivos médicos, diagnósticos, produtos farmacêuticos, biológicos, e fabrico à base de células e tecidos, todos eles regulamentados pela Administração de Alimentos e Medicamentos dos Estados Unidos (Enterprise Florida, n.d.). Devido aos recentes e graves acontecimentos actuais, tais como o escândalo relatado no início de 2006, confirmando que partes do corpo tinham sido roubadas de casas funerárias por uma empresa em Nova Jersey e vendidas a distribuidores que as utilizavam em transplantes em todos os Estados Unidos (Powell & Segal, 2006), existe uma intensa pressão pública no sentido de aumentar as medidas regulamentares para a indústria das ciências da saúde, a fim de proteger a saúde pública, prevenindo futuros acidentes, ferimentos ou mortes. Em resposta, a FDA anunciou em 2002 que iria adaptar um sistema que estabelece requisitos de qualidade para todos os produtos médicos regulamentados (Charter of the Council on Pharmaceutical Quality, 2004).

Será estudada a difusão desta nova inovação, a aplicação de sistemas de qualidade à indústria das ciências da saúde. O objectivo deste estudo é avaliar se as percepções das empresas sobre sistemas de qualidade como inovação influenciam a sua probabilidade de adoptar esta inovação nas suas práticas empresariais. Drucker (2002) salienta que o tempo global envolvido entre o surgimento de novos conhecimentos e esta inovação que surge nos produtos, processos ou serviços é de cerca de 50 anos. Questão(ões) & Hipóteses de

Investigação

Este estudo testa as hipóteses com base na seguinte questão de investigação: "Os três factores (benefícios percebidos, pressão externa e prontidão) do modelo lacovau (1995) são preditores significativos da adopção de Sistemas de Qualidade GMP?

As hipóteses derivadas da questão da investigação são as seguintes:

H01: A percepção de maiores benefícios não conduzirá a uma intenção significativa de adoptar Sistemas de Qualidade.

Ha1: Maiores benefícios percebidos levarão a uma intenção significativa de adoptar Sistemas de Qualidade. H02: Uma maior pressão externa não conduzirá a uma intenção significativa de adoptar Sistemas de Qualidade.

Ha2: Uma maior pressão externa levará a uma intenção significativa de adoptar Sistemas de Qualidade. H03: Maior prontidão organizacional não conduzirá a uma intenção significativa de adoptar Sistemas de Qualidade.

Ha3: Uma maior prontidão organizacional levará a uma intenção significativa de adoptar Sistemas de Qualidade.

Desenho de investigação

A concepção da investigação deste trabalho utiliza a abordagem do inquérito. O instrumento de inquérito utilizado será adoptado a partir do teste empírico de Chwelos et al (2001) de um modelo de adopção de intercâmbio electrónico de dados (EDI), testando o modelo lacovou et al (1995). O modelo lacovou et al (1995) identificou os três principais factores que influenciam as práticas de adopção do intercâmbio electrónico de dados (EDI) das pequenas empresas. O modelo tal como testado (Figura 4), com base numa revisão da literatura, propôs que três factores, ou seja, (1) os benefícios percebidos do EDI, (2) a prontidão organizacional, e (3) a pressão externa foram reconhecidos como as principais razões para explicar possivelmente o comportamento de adopção das pequenas empresas e o efeito antecipado da tecnologia.

Tanto o modelo lacovou et al (1995) como o modelo Chwelos et al (2001) baseiam-se nos elementos centrais do modelo clássico de Roger de difusão de novas ideias em que (1) a inovação, definida como uma ideia, prática ou objecto é percebida como nova por uma unidade de adopção, (2) a inovação é comunicada através de canais específicos, (3) a inovação é comunicada ao longo do tempo, e (4) a inovação é comunicada entre os membros de um sistema social (Rogers, 1976). Enquanto o modelo Iacovou et al (1995) se baseou em sete estudos de caso, o estudo Chwelos et al (2001) baseou-se na abordagem do inquérito para testar estatisticamente o seu modelo revisto.

No modelo de Chwelos et al (2001), a intenção de adoptar é determinada pelos três factores "benefícios percebidos", "pressão externa", e "prontidão", e as duas últimas construções têm ambos sub-construções, tal como ilustrado no modelo da Figura 4.

Figura 4: Iacovou et al (1995) Modelo como Testado por Chwelos et al (2001)

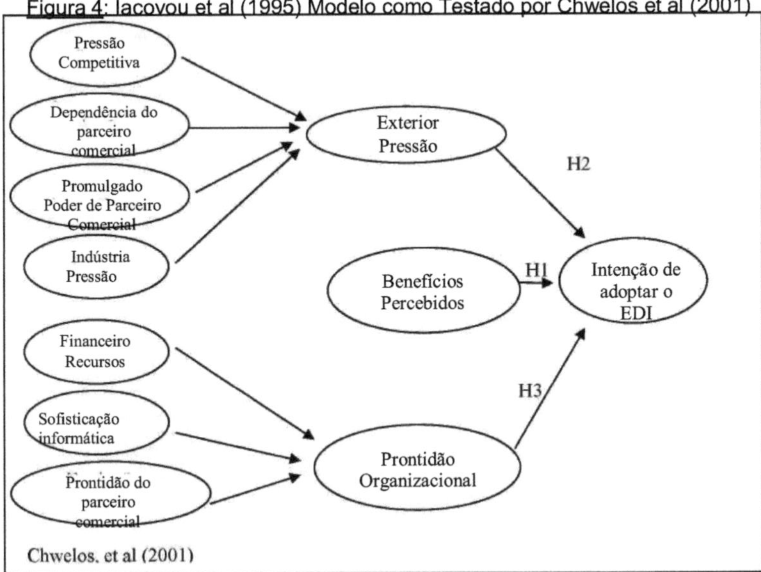

Chwelos, et al (2001)

Este trabalho seguirá o procedimento anteriormente utilizado pelos investigadores de difusão da inovação Chwelos et al (2001). O estudo de Chwelos et al (2001) foi realizado tendo em vista a adopção do intercâmbio electrónico de dados por gestores de compras, enquanto que este trabalho analisará a adopção de sistemas de qualidade por organizações da indústria das ciências da saúde nos Estados Unidos. Estas duas situações são comparáveis, já que ambas examinam a adopção de uma nova inovação por um grupo específico.

Como tal, o modelo será semelhante ao modelo de Chwelos et al (2001) excepto que (1) as referências ao EDI serão substituídas por referências a QS (sistemas de qualidade), (2) todos os sub-construções que lidam com parceiros comerciais serão eliminados uma vez que Chwelos et al (2001) relata que a adopção do EDI requer coordenação entre a organização e o seu parceiro comercial, enquanto que a adopção de QS na indústria das ciências da saúde não requer qualquer interacção deste tipo, e (3) a sub-construção 'sofisticação informática' será substituída por 'sofisticação QM' para indicar o nível de sofisticação que a organização tem nas áreas de gestão da qualidade. Estas substituições não devem alterar o significado do inquérito, pois são ambas inovações em que a intenção de adoptar está a ser estudada. O modelo revisto está representado na Figura 5 abaixo.

Figura 5: Modelo de Adopção de Sistemas de Qualidade

Pressão Competitiva
Indústria Pressão
Exterior Pressão
H2
Benefícios Percebidos
H1
Intenção de adoptar a QS
H3
Financeiro Recursos
Prontidão Organizacional
QM Sofisticação

Quality Systems Adoption Model

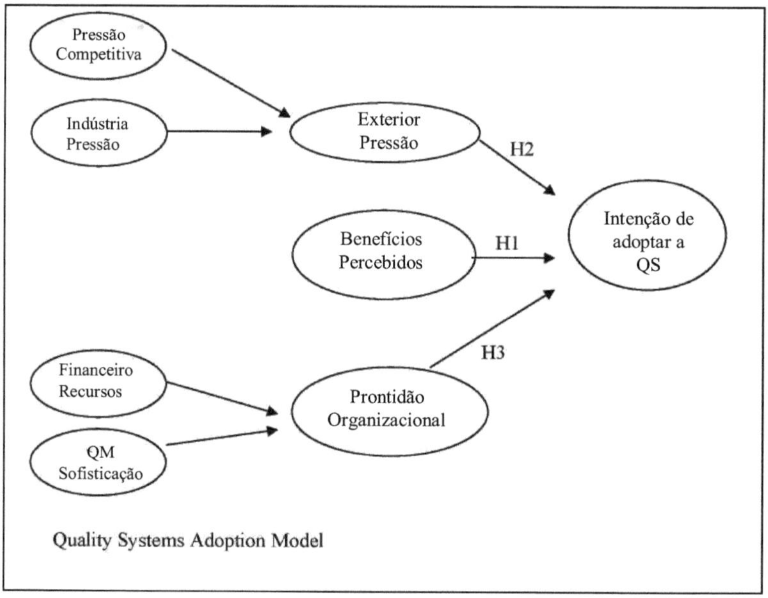

A intenção de adoptar sistemas de qualidade nas práticas empresariais é a variável dependente deste estudo. As percepções das empresas sobre os atributos específicos das práticas empresariais são as variáveis preditoras/independentes.

Definições operacionais

A intenção de adoptar Sistemas de Qualidade será influenciada por três construções, benefícios percebidos (H1), pressão externa (H2), e prontidão organizacional (H3):

Os "benefícios percebidos" tal como utilizados na investigação anterior (Chwelos et al, 2001 e Iacovou et al, 1995) mede as vantagens esperadas que a inovação pode proporcionar à organização, tanto directas como indirectas (economias de custos directas e outras eficiências internas e oportunidades indirectas que emergem da utilização da inovação). Esta definição será adoptada para este livro.

A "pressão externa", tal como utilizada na investigação anterior (Chwelos et al, 2001 e Iacovou et al, 1995) mede as influências decorrentes de várias fontes dentro do ambiente competitivo em torno da organização que inclui "pressão competitiva", a capacidade da inovação para manter ou aumentar a competitividade dentro da indústria e "pressão da indústria", esforços das associações industriais para difundir os padrões de inovação e encorajar a adopção. Este livro adoptará estas definições, mas substituirá especificamente a inovação, a adopção de EDI pela adopção de QS.

"Prontidão organizacional", tal como descrito por medidas de investigação anteriores, se a organização possui sofisticação informática (TI) e recursos financeiros suficientes para empreender a adopção da inovação (Chwelos et al, 2001 e Iacovou et al, 1995). Esta definição será adoptada para este livro, excepto que as referências informáticas serão substituídas por referências a sistemas de qualidade (QS).

População

A população alvo são as empresas dos EUA que operam na indústria das ciências da saúde que são regulamentadas pela Food & Drug Administration (FDA). A FDA anunciou em 2004 que iria adaptar um sistema de qualidade que estabelecesse requisitos de qualidade para todos os produtos médicos regulamentados, exigindo que os sistemas de qualidade estivessem presentes durante todas as fases de fabrico e testes de dispositivos médicos, medicamentos, produtos biológicos, e de células e tecidos para assegurar uma qualidade consistente (Carta do Conselho sobre a Qualidade Farmacêutica, 2004). A Enterprise Florida (n.d.) informa que em 2007, o estado da Florida foi classificado em segundo lugar no país pelo número de estabelecimentos de dispositivos médicos registados na FDA e que a Florida tem uma massa crítica de outras empresas de ciências da saúde. Como resultado, pode argumentar-se que a Florida é típica de toda a população de interesse, todas as empresas de ciências da saúde nos Estados Unidos, uma vez que há representação no estado da Florida de todos os sub-sectores da indústria das ciências da saúde.

Os nomes das empresas serão obtidos a partir da base de dados da FDA de empresas listadas como fabricantes de dispositivos médicos, processadores de produtos à base de tecidos e células, fabricantes de produtos biológicos ou biotecnológicos, e empresas farmacêuticas. Os questionários serão enviados por correio ou via web utilizando os serviços on-line de terceiros, tais como Hosted Survey™ ou Survey Monkey. Os potenciais inquiridos serão compensados oferecendo que o seu nome seja inscrito num sorteio para uma das cinco assinaturas anuais do "Journal of Quality Technology", uma publicação da American Society for Quality, (avaliada em $45,00) ou que o seu nome seja inscrito num sorteio para uma das três assinaturas anuais do "Quality Progress", a principal publicação da American Society for Quality, (avaliada em $80,00).

Amostra

Uma amostra aleatória de aproximadamente 40 gestores (gestores, directores ou executivos) de empresas de ciências da saúde que operam fora da Florida será tomada como parte do estudo piloto. Para o estudo principal, uma amostra aleatória estratificada de gestão (nível de gerente, director ou executivo) de empresas de ciências da saúde que operam dentro do estado da Florida será escolhida a partir da base de dados da FDA ou das listas da indústria para o estado da Florida. De acordo com a base de dados da FDA, existem 105 empresas de produtos baseados em tecidos ou células registadas no estado da Florida e a Enterprise Florida informa que existem 408 empresas de dispositivos médicos e 86 empresas farmacêuticas na Florida (Enterprise Florida, n.d.), elevando assim a população total aproximada deste estudo para aproximadamente 599. As amostras da Flórida serão estatisticamente comparadas com as amostras do estudo piloto não-Florida e, se o estudo piloto for bem sucedido, estes dados serão lançados no estudo final.

Para determinar o tamanho da amostra necessária para um teste de significado da medida phi, foi utilizada a equação padrão implementada em EX-SAMPLE (Brent, Mirielli & Thompson, 1993) onde N = zalphaA2 I phiA2. Usando este procedimento, para detectar uma phi de 0,200 para um alfa de 0,050, e um teste de 2 caudas requer um tamanho mínimo de amostra de 97 e o tamanho máximo necessário para análise como 126 para alcançar uma representação estatística baseada numa taxa de resposta estimada de 50%. No entanto, como a taxa de resposta real e a cooperação dos potenciais inquiridos é desconhecida neste momento, toda a população pode ser amostrada (até cerca de 600 inquéritos podem ser enviados aos inquiridos).

Os métodos de amostragem envolverão a amostragem apenas das empresas listadas como activas e registadas ou a operar no estado da Florida. Dependendo da cooperação obtida de potenciais inquiridos, poderá ser seleccionada uma amostra proporcional de cada estrato (dispositivos médicos, indústrias farmacêuticas e baseadas em tecidos/células) utilizando uma tabela de números aleatórios e as fracções de amostragem serão combinadas para formar uma estimativa da população.

Instrumentação

Este estudo utilizará um instrumento de investigação existente desenvolvido por Chwelos' et al (2001) teste empírico de um modelo de adopção de intercâmbio electrónico de dados (EDI) testando o modelo Iacovou et al (1995). Várias das construções do inquérito desenvolvido por Chwelos et al (2001) tiveram origem em Iacovou et al (1995). O instrumento de Chwelos et al (2001) é o primeiro do seu género desenvolvido para se basear na aplicação das três influências de adopção de EDI (tecnológica, organizacional e interorganizacional) utilizando construções que abordam de forma abrangente estes três níveis. O inquérito Chwelos et al (2001) foi originalmente concebido para aplicação informática na difusão da investigação em inovação mas, para este estudo, será adaptado à arena das ciências da saúde para estudar a aplicação do modelo de adopção de sistemas de qualidade para a investigação da difusão desta inovação.

A vantagem de utilizar o modelo de Chwelos et al (2001) sobre o modelo seminal Iacovou et al (1995) é que o estudo de Chwelos et al se baseia em testes empíricos utilizando a abordagem de inquérito, enquanto que o estudo de Iacovou et al foi uma abordagem interpretativa, baseada em casos baseados em sete estudos de caso. O instrumento de Chwelos é do domínio público, uma vez que o instrumento é fornecido no final do Relatório de Investigação (Chwelos et al, 2001). Este instrumento tem aproximadamente cinco anos, mas ainda pode ser aplicado ao ambiente actual de difusão de inovações. Chwelos et al (2001) desenvolveram o inquérito, primeiro tendo uma teoria de medição e um perito em concepção de questionários examinaram a validade do conteúdo de todos os artigos, especialmente os novos artigos e depois realizaram um primeiro e segundo teste piloto antes de enviarem os inquéritos por fax a partir de uma lista de correio nacional.

O estudo de Chwelos et al (2001) aplicou a técnica de análise estatística dos mínimos quadrados parciais (PLS), uma forma de modelação causal, em vez de LISREL desde Barclay, Higgins e Thompson (1995) propuseram que PLS era mais adequado para um enfoque no desenvolvimento teórico, enquanto LISREL é favorecido por confirmar a adequação de um modelo teórico aos dados observados. No entanto, porque PLS não gera um índice global de boa adaptação,

Chwelos et al (2001) avaliaram principalmente a validade examinando o R2 e as vias estruturais, como com um modelo de regressão.

Este estudo utilizará o Modelo de Equação Estrutural AMOS, uma vez que uma teoria existente está a ser testada. Os resultados de Chwelos et al (2001) apoiaram as hipóteses primárias do modelo de que os benefícios, a pressão externa, e a prontidão são todos positivamente relacionados com a intenção de adoptar o EDI com significado a nível $p<0,001$. Verificaram também que aproximadamente 32% da variância na intenção de adoptar foi contabilizada pelos três construtos independentes do modelo (R2 = 0,318) e os coeficientes de percurso padronizados variaram entre 0,11 e 0,37, com dois dos três percursos a excederem o padrão mínimo de significância sugerido a 0,20 (Chin, 1998) demonstrando que houve um bom ajuste do modelo global.

Chwelos et al (2001) seguiram a regra para avaliar a validade discriminante, que a raiz quadrada da variância média extraída (AVE) deve ser maior do que as correlações entre as construções e todas as construções cumpriram esse requisito. Além disso, os valores de consistência interna estavam todos acima do mínimo sugerido de 0,70 (Barclay et al, 1995) demonstrando que todos os construtos e sub-construções reflectores no modelo de adopção apresentavam consistência interna adequada e validade discriminante.

Seis das nove construções do inquérito de Chwelos et al (2001) serão utilizadas para este estudo, contudo, os três sub-construções relacionadas com "parceiros comerciais" serão eliminados, uma vez que esta interacção é crítica para a adopção do EDI na perspectiva de um gestor de compras (Chwelos, 2001), mas para a adopção do QS, a interacção "parceiro comercial" torna-se irrelevante, uma vez que o EDI é uma inovação de compras. As seis construções a serem utilizadas para este estudo incluem "pressão competitiva", "pressão da indústria", "sofisticação informática" (a ser substituída por "sofisticação da gestão da qualidade (QM)"), "recursos financeiros", "intenção de adoptar EDI" (a ser substituída por "intenção de adoptar QS"), e "benefícios percebidos".

O instrumento desenvolvido por Chwelos et al (2001) consiste em 49 artigos e a eliminação dos artigos relacionados com "parceiro comercial" reduz esse número para 36. Os restantes 36 artigos da escala serão ainda mais reduzidos para 23 para eliminar questões específicas de compras não aplicáveis a sistemas de qualidade. Globalmente, para além de reduzir o número total de itens do inquérito, as alterações envolvem a substituição da terminologia "EDI" e "tecnologia da informação" pela terminologia "QS/QM" e "sistemas de qualidade/gestão da qualidade" e também a substituição da palavra "serviço ao cliente" pela palavra "qualidade do produto", uma vez que o resultado desejado da inovação dos sistemas de qualidade é a melhoria da qualidade do produto (Carta do Conselho da Qualidade Farmacêutica, 2004).

As alterações feitas para uso situacional não devem afectar a fiabilidade e validade, uma vez que as construções do núcleo permanecem inalteradas, os sub-construções que são retidos permanecem inalterados e os itens específicos retidos envolvem substituições de substantivos menores para acomodar a difusão de uma inovação diferente (EDI vs. Sistemas de Qualidade). Para confirmar isto, o inquérito actualizado será examinado por um indivíduo com experiência em teoria de medição e concepção de questionários, tal como foi feito para o estudo de Chwelos et al (2001), seguido de um estudo-piloto.

Os itens do inquérito consistirão numa combinação de escalas Likert de sete pontos (18 itens) com a pontuação mais alta indicando uma maior percepção ou classificação de importância, bem como a solicitação de informação demográfica ou financeira (5 itens) para abordar variáveis não controladas e/ou potencialmente intervenientes. A informação demográfica dentro do inquérito inclui cinco perguntas que solicitam as seguintes informações: "vezes por ano que a informação relativa a sistemas de qualidade é recebida de fontes externas à sua organização", "número de pessoas empregadas pela organização", "receita total aproximada da organização no ano passado ou orçamento operacional total", "fase da organização de desenvolvimento de QS está actualmente envolvida", e "se estiver a desenvolver, quando é que a organização tenciona adoptar QS".

A informação demográfica fora do instrumento de inquérito incluirá o sector industrial específico (dispositivo médico, produtos farmacêuticos, tecidos e produtos baseados em células), a responsabilidade principal do trabalho do inquirido dentro da empresa, género, anos na indústria, e educação. Esta informação demográfica será utilizada para determinar a desagregação do sector e para explicar ou abordar quaisquer variáveis não controladas e/ou potencialmente intervenientes que possam surgir, tais como diferenças de género, anos na indústria, ou educação que possam afectar as percepções do inquirido. Para assegurar a confidencialidade, não serão solicitados ou utilizados nomes ou indivíduos ou empresas para identificar os inquiridos.

A primeira escala do questionário está rotulada "Pressão Competitiva" e consistiu em três perguntas, mas será modificada para incluir 5 perguntas. O primeiro item do questionário original solicitava aos inquiridos que "aproximassem a percentagem de organizações na sua indústria que utilizam a inovação" será eliminado, uma vez que esta informação não é divulgada e não seria conhecida pelas pessoas da indústria das ciências da saúde. Os outros dois itens e três itens adicionados que tratam da operacionalização da 'pressão competitiva' serão utilizados para este estudo. Todos estes itens utilizam uma escala de sete pontos Likert que vai desde "nada útil" até "extremamente útil" para o primeiro item e "nenhuma pressão" até "pressão extrema" para o segundo item e uma opção adicional para "não sei" para ambos. A pontuação de codificação de resposta consiste de um a sete com um como resposta negativa e uma opção para "não sei" que será codificada como oito (excisada antes da análise dos dados).

A segunda e terceira escalas do questionário etiquetado "dependência do parceiro comercial" e "poder do parceiro comercial decretado" serão eliminadas. A quarta escala do questionário rotulado "pressão da indústria" consiste em dois itens que operacionalizam a pressão da indústria e esta será retida para este estudo juntamente com a adição de 3 itens adicionais - os primeiros quatro itens consistem numa escala Likert de sete pontos que vai de "nenhuma pressão" a "pressão extrema" e uma opção adicional para "não sei". A pontuação de codificação de resposta consiste de um a sete com um como resposta negativa e uma opção para 'não sei'. O quinto item consiste numa pergunta que pergunta as vezes por ano que o respondente recebeu informação sobre EDI (será substituída por 'QS') de fontes fora da sua organização e o respondente pode dar um número (a resposta é codificada com uma raiz quadrada para que a precisão da média da amostra melhore com a raiz quadrada do tamanho da amostra) ou optar por 'não sei'.

A quinta escala do questionário, denominada "sofisticação informática" e que trata da operacionalização da sofisticação da tecnologia da informação será alterada para "sofisticação QM" para tratar da operacionalização da "sofisticação da gestão da qualidade". Dois dos oito itens especificamente relacionados com as TI, tais como 'redução de pessoal' e 'melhoria do acesso à informação', serão eliminados. Um dos restantes itens relacionados com a 'melhoria do serviço aos clientes' será alterado para 'melhoria da qualidade do produto', uma vez que a melhoria da qualidade do produto é um dos resultados desejados da adopção do QS, tal como a melhoria do serviço aos clientes é um dos resultados desejados da adopção do EDI. Esta secção do questionário utiliza uma escala de sete pontos Likert que vai de 'muito negativo' a 'muito positivo' para o primeiro item e ou 'nada importante' a 'extremamente importante' para os restantes cinco dos seis itens. A pontuação de codificação da resposta consiste de um a sete com um como resposta negativa e a opção para 'não sei'. O texto invertido é feito para forçar a pessoa que realiza o inquérito a ler cuidadosamente as perguntas.

A sexta escala do questionário, denominada "Recursos Financeiros" operacionaliza os recursos financeiros disponíveis pela empresa e estes serão retidos para este estudo e serão acrescentadas duas questões adicionais. Os três primeiros itens consistem numa escala Likert de sete pontos que vai de "nada significativo" a "extremamente significativo" e uma opção adicional para "não sei". A pontuação de codificação da resposta consiste de um a sete com um como resposta negativa ou uma opção para 'não sei'. Dois itens adicionais pedem ao respondente para aproximar o número de pessoas empregadas na sua organização (a resposta é em escala logarítmica uma vez que este montante pode variar muito entre empresas do sector, o logaritmo reduzirá a variação para um intervalo mais controlável) ou optar por 'não sei' e dar a receita total aproximada à sua organização no ano passado ou o orçamento operacional total para organizações sem fins lucrativos (a resposta é em escala logarítmica) ou optar por 'não sei'.

A sétima escala do questionário rotulado "preparação do parceiro comercial" será eliminada. A oitava escala do questionário rotulado "intenção de adoptar EDI" será novamente rotulada como "intenção de adoptar QS" e mais dois itens serão acrescentados à escala original de três itens. O primeiro item pede ao respondente para dar a fase de desenvolvimento da adopção de EDI (QS) que a sua organização está actualmente envolvida com três opções de "não desenvolver actualmente", "planeamento" ou "testes-piloto" e um quarto item "sistema de qualidade desenvolvido e em funcionamento" será acrescentado. Os três itens seguintes perguntam se a organização pretende adoptar sistemas de qualidade se ainda não tiver sido adoptada, se pretende utilizar pessoal interno para a adopção, e se pretende utilizar "consultores externos" para a adopção. Todas as respostas consistem numa escala Likert de sete pontos que vai desde "nenhuma intenção de adoptar" até "intenção definitiva de adoptar" e uma opção adicional para "não sei". A pontuação do código de resposta consiste de um a sete com um como resposta negativa e uma opção para 'não sei'. O último item da escala de 'intenção de adoptar sistemas de qualidade' pergunta-se quando é que a organização pretende ter um sistema de qualidade operacional se está a desenvolver ou pretende adoptar sistemas de qualidade e as escolhas variam entre 'menos de 6 meses', '6 a 12 meses', '12 a 18 meses', '18 a 24 meses', 'mais de 24 meses' ou 'nenhum plano para desenvolver sistemas de qualidade'.

A escala oito e final do questionário, rotulada de "benefícios percebidos" operacionaliza os benefícios que a empresa percebe pela adopção da inovação e esta será retida para este estudo. A escala consiste em dezassete itens que consistem numa escala Likert de sete pontos que vai de 'nada importante' a 'extremamente importante' e uma opção adicional para 'não sei'. A pontuação de codificação de resposta consiste de um a sete com um como resposta negativa e 'não sei' não tabelada. Sete destes dezassete itens serão utilizados para este estudo, pois abordam as percepções de benefícios nas áreas de qualidade, custo, produtividade, erros, exactidão, capacidade de competir e serviço ao cliente. Os dez itens abandonados tratam de itens específicos dos sistemas EDI, tais como custos de inventário, rekeying de dados, e problemas com fornecedores.

Procedimentos de recolha de dados

A recolha de dados associada a este estudo será dividida em duas partes. A primeira parte envolverá um estudo-piloto de cerca de 40 inquiridos provenientes de estados não pertencentes à Flórida, após o qual será verificada a estrutura dos factores das escalas e a fiabilidade das mesmas. Seguir-se-á uma análise subsequente para medir a validade, fiabilidade e robustez dos dados. A segunda parte envolverá os restantes inquéritos a serem administrados. Será pedido aos inquiridos que preencham o questionário relativo à sua intenção de adoptar Sistemas de Qualidade que serão medidos por três construções, benefícios percebidos (H1), pressão externa (H2), e prontidão organizacional (H3).

Os procedimentos de recolha de dados envolverão a utilização de um questionário, formulário fechado com informação demográfica. O inquérito será administrado utilizando Hosted Survey ™ ou Survey Monkey para administrar o inquérito e recolher e entregar os dados em bruto ao autor. O modelo será desenvolvido apenas em casos completos e depois testado na amostra completa, uma vez que os dados em falta impedem a utilização de índices de modificação na análise de dados utilizando o programa AMOS. A limpeza dos dados será realizada através do cálculo de tabelas de frequência para cada pergunta do inquérito e depois os dados serão comparados com o inquérito original e corrigidos em relação a quaisquer erros.

Método de Análise de Dados

Usando o software estatístico SPSS®, versão 15.0, a estatística descritiva será utilizada para avaliar a distribuição das respostas e para avaliar padrões de enviesamento e curtose. O modelo da equação estrutural AMOS (SPSS) será utilizado para examinar

interacções entre variáveis. Será utilizado um procedimento ANOVA para a comparação entre grupos. O modelo da equação estrutural AMOS será também utilizado para a análise dos factores de confirmação, para determinar as cargas item-construção, e para avaliar os pesos de boa adaptação, validade, e sub-construção.

Pressupostos

Uma vez que todos os estabelecimentos de ciências da saúde regulamentados pela FDA nas indústrias farmacêutica, de dispositivos médicos, de tecidos, de biologia e de terapia celular são obrigados a registar os seus estabelecimentos na FDA, presume-se que a base de dados da FDA fornecerá uma fonte abrangente para a população a ser estudada. Resumo

Este capítulo define a concepção e a metodologia de investigação para este estudo, tais como a amostra e a população correspondente, instrumentos e distribuição dos inquéritos, variáveis de investigação e definições operacionais, questões de investigação com as respectivas hipóteses e análises, procedimentos, investigação e concepção, e um esboço dos métodos de recolha de dados a utilizar.

CAPÍTULO IV

ANÁLISE E APRESENTAÇÃO DOS RESULTADOS

Introdução

Este capítulo faz uma apresentação dos resultados da investigação, discutindo primeiro a taxa de resposta da amostra, seguida pela demografia dos inquiridos do estudo, a fiabilidade e pontuação de validade, e o teste das hipóteses utilizando a modelação da equação estrutural AMOS.

Taxa de resposta da amostra

A fim de obter uma amostra aleatória para o estudo piloto de aproximadamente 40 gestores (gestores, directores ou executivos) de empresas de ciências da saúde que operam fora da Florida, foram enviados inquéritos a decisores de empresas de ciências da saúde, tais como fabricantes de dispositivos médicos, processadores de produtos baseados em tecidos e células, fabricantes de produtos biológicos, fabricantes de biotecnologia, ou empresas farmacêuticas. Foram enviados convites por correio electrónico a potenciais inquiridos que foram convidados a clicar num link que os levou directamente para o sítio web da Hosted Survey™, onde o inquérito (Anexo A) foi então levado por correio electrónico em linha através de entrega na web. Em Dezembro de 2007, foram enviados convites para o estudo-piloto (ver Apêndice B) e no início de Janeiro de 2008 apenas 2 respostas tinham sido recebidas. O primeiro conjunto de lembretes foi enviado a todos os 200 convidados, contudo, em meados de Janeiro de 2008, houve um total de 3 respostas.

Após consulta com o indivíduo com experiência em teoria de medição e concepção de questionários, foi sugerido que a carta convite fosse modificada num esforço para obter uma melhor taxa de resposta, fornecendo mais informações sobre a razão pela qual o inquérito estava a ser feito, como os inquiridos beneficiariam, bem como dizer ao inquirido de antemão quanto tempo levaria o inquérito a concluir. Esta informação foi incorporada na carta de convite modificada (Anexo C) e foram enviados por correio electrónico, juntamente com a carta de convite modificada, mais 265 convites para a realização do inquérito. Em meados de Janeiro de 2008, houve 5 respostas aos 465 convites enviados, traduzidas a uma taxa de resposta de 1,07%.

O estudo foi modificado e a aprovação do Conselho de Revisão Institucional foi concedida para aumentar o tamanho da amostra. No início de Fevereiro de 2008 foram enviados inquéritos a um total de 1.287 potenciais inquiridos através de correio electrónico e foram recebidas 28 respostas (2,18% de taxa de resposta). Estas 28 respostas foram utilizadas como dados para o estudo-piloto. Os testes de fiabilidade e validade dos dados do estudo piloto mostraram que todas as escalas apresentavam um Alfa Cronbach elevado, excepto a escala de recursos financeiros que mostra um Alfa Cronbach elevado (0,628). A análise dos factores demonstrou que a escala de Recursos Financeiros era unidimensional; foram acrescentadas duas questões adicionais para aumentar a fiabilidade, tal como reflectido no Estudo de Sistemas de Qualidade modificado (Apêndice D). Percebendo que os convites por correio electrónico não deram uma taxa de resposta satisfatória, 418 convites em papel foram enviados em meados de Fevereiro de 2008 a novos respondentes. Em meados de Março de 2008, houve um total de 16 respostas recebidas. A combinação do estudo-piloto com o resto do estudo produziu um total de 1.705 convites enviados com 44 respostas para uma taxa de resposta global de 2,58%.

Demografia dos inquiridos

A composição dos inquiridos do estudo foi 75% representando a indústria de dispositivos médicos, 24% da indústria de produtos à base de tecidos e células e 11% da indústria farmacêutica. A repartição por sexo dos inquiridos foi de 68% de homens e 32% de mulheres. A responsabilidade principal pelo trabalho foi ligada a 30% cada um para a Garantia de Qualidade e Operações, seguida por 27% com a responsabilidade principal pelo trabalho de Assuntos Regulamentares e 13% com a responsabilidade principal pelo Desenvolvimento de Produtos. Aqueles com mais de 10 anos de experiência na indústria representavam 73% dos inquiridos, enquanto 11% tinham 6-10 anos de experiência e tanto aqueles com 2-5 anos de experiência como aqueles com menos de 2 anos de experiência representavam 8% cada um. Os inquiridos com um Bacharelato como o nível de educação mais elevado representaram 49% seguidos por 30% com um Mestrado, 16% com um diploma terminal (MD, PhD, JD), 3% com um diploma de Associado, bem como 3% com um diploma do ensino secundário. Uma vez que se pensa ser possível que tanto a probabilidade de adoptar sistemas de qualidade como a percepção dos sistemas de qualidade como uma inovação possam variar em função do sistema empresarial/de ciências da saúde em que as empresas operam, as características do seu negócio (com fins lucrativos vs. sem fins lucrativos, dispositivos médicos vs. farmacêuticos, etc.) deveriam ser examinadas como tendo um potencial efeito moderador sobre as variáveis dependentes e preditoras, no entanto, devido ao tamanho muito pequeno da amostra, isto não foi possível utilizando o modelo da equação estrutural. Mais uma vez, devido ao pequeno tamanho da amostra, não era viável obter respostas suficientes de organizações dentro da Florida para comparar com as de fora da Florida, pelo que o estudo analisou as percepções das organizações de cuidados de saúde dentro e em todo o território dos Estados Unidos.

Um esmagador 87% dos inquiridos já tinha desenvolvido e operado sistemas de qualidade em vigor, 11% estavam na fase de testes-piloto e 3% estavam na fase de planeamento. Aqueles que ainda não tinham adoptado sistemas de qualidade, 50% pretendiam adoptar dentro dos próximos 12 meses e os outros 50% pretendiam adoptar dentro dos próximos 12 a 24 meses. Os inquiridos relataram que receberam informações sobre sistemas de qualidade de fontes externas de 600 vezes por ano para não adoptarem, sendo a mediana de 20. A dimensão das empresas inquiridas variava entre 5 empregados e 6.000 empregados com 93% das empresas inquiridas com menos de 800 empregados. As receitas totais aproximadas das empresas representadas pelos inquiridos variaram entre $0 e $17.000.000.000, com 91% delas a declararem receitas inferiores ou iguais a $1.000.000.000.

Fiabilidade e validade

A análise dos factores foi feita com base em perguntas de teste agrupadas por construção hipotética e contendo itens medidos numa escala Likert. A análise de factores revelou que cada agrupamento de perguntas por construção, mediu uma única dimensão. Os Valores Eigenais e a percentagem de variância (SPSS 15.0) contabilizados pelo primeiro factor para cada uma das escalas são descritos abaixo no Quadro 3 abaixo.

Quadro 3: Valores Eigenais e Percentagem de Variação

Nome da Balança	Eigenvalue	Percentagem de variação
Pressão Competitiva	2.874	57.489
Pressão industrial	2.530	63.262
Sofisticação da Gestão da Qualidade	3.899	64.977
Recursos Financeiros	3.100	62.007
Intenção de adoptar	2.414	80.477
Prontidão percepcionada	5.007	71.535

A análise de fiabilidade foi executada e foi utilizado o método de extracção da Análise de Componentes Principais (SPSS 15.0) - os resultados mostram que apenas 1 componente foi extraído de cada escala de modo a que cada uma das 6 soluções não precisasse de ser rodada e produzisse coeficientes de fiabilidade (Cronbach's Alpha) de > 0,70. A tabela 4 dá o Alfa do Cronbach para a análise de fiabilidade (SPSS 15.0).

Tabela 4: Análise de Fiabilidade do Cronbach

Nome da Balança	# de Artigos	O Alfa de Cronbach
Pressão Competitiva	5	0.809
Pressão industrial	4	0.806
Sofisticação da Gestão da Qualidade	6	0.879
Recursos Financeiros	3	0.843
Intenção de adoptar	3	0.866
Prontidão percepcionada	7	0.923

O conjunto de dados combinados do estudo (incluindo o estudo-piloto) demonstrou que todas as 6 escalas testadas eram fiáveis e válidas com uma estrutura unidimensional. Hipóteses Resultados dos testes

Após análise dos factores e fiabilidade ter sido realizada nas escalas do conjunto de dados completo, a modelação da equação estrutural (SPSS 15.0, AMOS) foi executada para determinar o efeito individualizado das variáveis independentes sobre a variável dependente (Intenção de Adoptar). O modelo ajusta-se aos dados uma vez que o quadrado chi/DF é aproximadamente 1 (Chi Sq = 9,791, graus de liberdade = 9). O nível de probabilidade é 0,368, o que significa que não podemos rejeitar a hipótese nula, que as covariâncias da amostra e do modelo são iguais, e que o valor para o índice de ajuste não normalizado (NFI) é superior a 0,9 (NFI = 0,903), indicando um ajuste aceitável (Bentler & Bonnet, 1980). Este modelo explica 22% da variância da variável dependente, Intenção de Adopção. O modelo demonstra que 75% da variância na percepção dos benefícios é explicada pela pressão competitiva, recursos financeiros e sofisticação do sistema de qualidade. O modelo deixa claro que 51% da variação da pressão competitiva é explicada pela pressão da indústria, 29% da variação da pressão da indústria é explicada pela percepção dos benefícios, e que 54% da variação da sofisticação da gestão da qualidade é explicada pelos recursos financeiros.

Os coeficientes não padronizados (Estimativa) para as trajectórias padronizadas variaram de 0,281 a 0,791 e as pontuações críticas (R.C.) obtidas para os coeficientes (de cargas de factores) variaram de -1,945 a 6,445, indicando que todas as cargas de factores representadas são estatisticamente significativas ($p < 0,05$). Esta constatação fornece provas que apoiam a validade convergente dos indicadores (Anderson & Gerbing, 1988). Os pesos de regressão, apresentados no Quadro 5 abaixo, demonstram o resultado dos testes de hipóteses utilizando o co-eficiente não padronizado (Estimativa), erro padrão, razão crítica e probabilidades para as relações variáveis, observando que os números negativos representam uma relação inversa.

Tabela 5: Pesos de Regressão

			Estimativa	S.E.	C.R.	P
Sofisticação da Gestão da Qualidade	<---	Financeiro Recursos	.717			
Percebido Benefícios	<---	Financeiro Recursos	.750			
Percebido Benefícios	<---	Sofisticação da Gestão da Qualidade	.351	.126	2.780	.005
Intenção de adoptar	<---	Pressão Competitiva	.519	.174	2.980	.003
Intenção de adoptar	<---	Financeiro Recursos	-.358	.184	-1.945	.052
Pressão Competitiva	<---	Exterior Pressão	.791	.123	6.445	***
Pressão industrial	<---	Percebido Benefícios	.667	.151	4.423	***
Percebido Benefícios	<---	Pressão Competitiva	-.281	.132	-2.126	.034

Todos os rácios críticos são, portanto, superiores a 2, todas as probabilidades são inferiores a 0,05 e todas as ligações representadas no Quadro 5 são estatisticamente significativas, pelo que rejeitam as 3 hipóteses nulas seguintes:

H01: Maiores benefícios percebidos (PB) não conduzirão a uma intenção significativa de adoptar (IA) Sistemas de Qualidade.

H02: Uma maior pressão externa (EP) não conduzirá a uma intenção significativa de adoptar Sistemas de Qualidade.

H03: Uma maior prontidão organizacional não conduzirá a uma intenção significativa de adoptar Sistemas de Qualidade.

Os resultados dos testes de hipóteses apontam para a adopção das seguintes hipóteses alternativas:

H_{a1}: Maiores benefícios percebidos levarão a uma intenção significativa de adoptar

Sistemas de Qualidade. Ha2: Uma maior pressão externa levará a uma intenção significativa de adoptar Sistemas de Qualidade. Ha3: Maior prontidão organizacional conduzirá a uma intenção significativa de adoptar Sistemas de Qualidade.

Os resultados do modelo da Equação Estrutural são apresentados na Figura 6, notando que este modelo reflecte todas as escalas reflectoras mas nenhum dos dois índices formativos e latentes (pressão externa e prontidão organizacional), tal como descritos no Quadro 6, porque os indicadores formativos não precisam de ser correlacionados nem têm uma elevada consistência interna (Bollen, 1984; Bollen & Lennox, 1991).

Figura 6: Resultados do Modelo de Equação Estrutural dos Sistemas de Qualidade

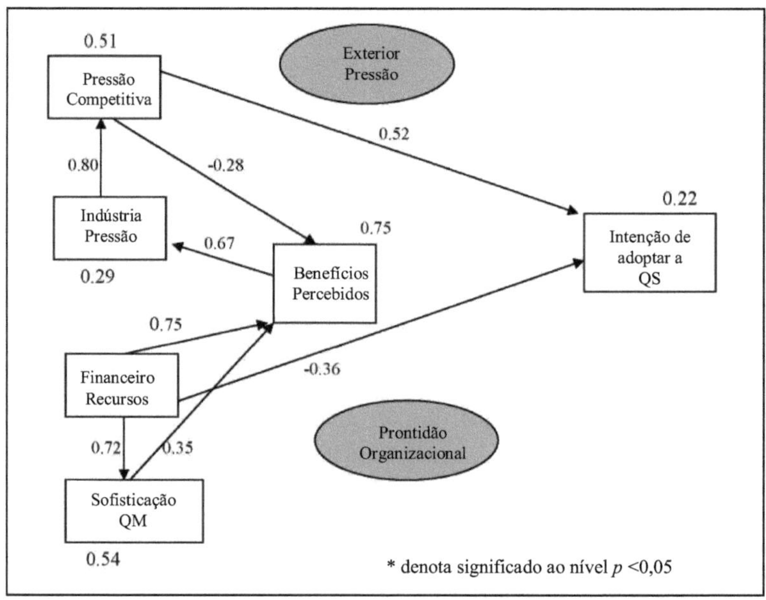

Quadro 6: Fontes de Medição Construções

Construir	**Tipo**	**Itens do inquérito**	**Índice**	**Tipo**
Pressão Competitiva (CP)	Reflexivo	CP1 - CP5	Exterior Pressão	Formativo
Pressão industrial (IP)	Reflexivo	IP1 - IP4		
Sofisticação da Gestão da Qualidade (QM)	Reflexivo	QM1 -QM6	Prontidão Organizacional	Formativo
Recursos Financeiros (FR)	Reflexivo	FR1 - FR3, FR6 - FR7		
Intenção de adoptar (AI)	Reflexivo	IA2 - IA4		
Benefícios Percebidos (PB)	Reflexivo	PB1 - PB7		

Globalmente, estes resultados confirmam a teoria aceite, uma vez que Chwelos et al (2001) descobriram que a prontidão (organizacional), a pressão externa e os benefícios percebidos foram todos considerados como preditores significativos da intenção de adoptar o intercâmbio electrónico de dados (EDI) e Iacovou, Benbasat & Dexter (1995) identificaram estes mesmos três factores como preditores principais que influenciam as práticas de adopção do intercâmbio electrónico de dados (EDI) das pequenas empresas.

CAPÍTULO V
RESUMO E CONCLUSÕES

Resumo dos resultados

Este trabalho explora se a percepção das empresas de ciências da saúde sobre sistemas de qualidade como uma inovação influenciaria a sua probabilidade de adoptar esta inovação nas suas práticas empresariais. O estudo testa um modelo, parcialmente baseado em Chwelos, et al (2001), dos factores que influenciam a adopção de sistemas de qualidade. Para este estudo, a amostra é composta por 37 respostas de empresas que operam nas indústrias de dispositivos médicos, farmacêutica e de produtos baseados em tecidos/células, sendo a responsabilidade principal do inquirido a garantia de qualidade, regulamentação, desenvolvimento de produtos ou operações. A maioria dos inquiridos tinha mais de 6-10 anos de experiência na indústria (83,8%) e um grau de Bacharelato ou superior (95%).

A esmagadora maioria das empresas que responderam relativamente à sua percepção dos sistemas de qualidade como uma inovação já tinham um sistema de qualidade desenvolvido e em funcionamento ou estavam em fase de teste piloto (97%). Mais de 82% dos inquiridos receberam informações sobre sistemas de qualidade de fontes externas à sua organização, tais como associações industriais, associações profissionais ou boletins informativos comerciais, pelo menos 10-600 vezes por ano. A dimensão da empresa variava de 5 a 200 empregados (73%) a 201 a 6.000 empregados (27%). As receitas totais aproximadas para as empresas inquiridas variaram com 27% das empresas a declararem receitas inferiores a 2 milhões de dólares e 73% das empresas a declararem receitas entre 6 milhões e 17 mil milhões de dólares.

A variável dependente para este estudo é a "intenção de adoptar sistemas de qualidade". A variável latente de "pressão externa" é composta pelas variáveis independentes "pressão competitiva" e "pressão industrial" e a variável latente "prontidão organizacional" é composta pelas variáveis independentes de "recursos financeiros" e "sofisticação da gestão da qualidade". A variável independente restante é a 'percepção dos benefícios'. Os dados do estudo demonstraram que todas as 6 escalas testadas foram fiáveis com um Cronbach Alfa > 0,7 (Miller, 1995) e que a validade das 6 escalas utilizando a análise de factores para avaliar a validade convergente e discriminante como método de extracção da Análise de Componentes Principais (SPSS, 15,0) rendeu 1 componente extraído para cada factor e os valores próprios de todos estes factores > 1,00.

O significado estatístico foi avaliado utilizando a modelação da equação estrutural. Os resultados deste estudo apoiam as hipóteses primárias do modelo de que os benefícios percebidos, a pressão externa e a prontidão organizacional são preditores adequados da adopção de Sistemas de Qualidade GMP, pois todos estão positivamente relacionados com a intenção de adoptar Sistemas de Qualidade com significado ao nível $p < 0,05$. Este estudo também descobriu que aproximadamente 22% da variância na intenção de adoptar foi explicada por duas das construções independentes no modelo e que os oito coeficientes de percurso padronizados variaram entre 0,28 e 0,80, com todos os oito percursos a excederem o padrão mínimo de significância sugerido a 0,20 (Chin, 1998) demonstrando que houve um bom ajuste do modelo global. Existem relações inversas estatisticamente significativas entre 'recursos financeiros' e 'intenção de adoptar' (estimativa = -0,358, C.R. = -1,945, p = 0,052), bem como entre 'pressão competitiva' e 'benefícios percebidos' (estimativa = -0,281, C.R. = -2,126 e p = 0,034). Todas as ligações são estatisticamente significativas (<0,05) e as três hipóteses nulas são rejeitadas.

Conclusões

A operacionalização das construções através da utilização de modelação de equações estruturais para o Modelo de Sistemas de Qualidade indica que as validades, a fiabilidade e os índices de ajuste fornecem um apoio global para este modelo e a análise apresentada no Capítulo IV confirma que o modelo se ajusta aos dados. Este estudo sobre a difusão da inovação, a aplicação de sistemas de qualidade à indústria das ciências da saúde, mostra que a percepção que a empresa tem dos sistemas de qualidade como uma inovação influencia efectivamente a sua probabilidade de adoptar esta inovação nas suas práticas empresariais. A abordagem da modelação da equação estrutural permitiu examinar as construções individuais com as outras construções, bem como com a variável dependente, fornecendo uma percepção sobre quais as construções que são particularmente proeminentes no contexto das percepções na adopção de sistemas de qualidade. A combinação dos pesos das construções com os coeficientes dos percursos de construção indica que a pressão competitiva é o factor mais importante que contribui para a intenção de adoptar sistemas de qualidade. Chwelos, et al (2001) também consideraram que a pressão competitiva é o factor mais importante que contribui para a intenção de adoptar sistemas de qualidade. Foram encontradas relações inversas entre os recursos financeiros e a intenção de adoptar, bem como entre a pressão competitiva e os benefícios percebidos. Os resultados do estudo mostram também que a pressão da indústria está significativamente relacionada com a pressão competitiva, os benefícios percebidos estão significativamente relacionados com a pressão da indústria, os recursos financeiros e a sofisticação da gestão da qualidade estão significativamente relacionados com os benefícios percebidos, e que os recursos financeiros estão significativamente relacionados com a sofisticação da gestão da qualidade.

Implicações gerenciais

Este trabalho contribui para o campo da investigação em geral, bem como especificamente para a difusão de inovações na área das ciências da saúde, uma vez que foi capaz de delinear, operacionalizar sistematicamente e testar, no domínio empírico, a teoria fundamental conceptualizada na difusão da literatura da inovação. As empresas que adoptaram sistemas de qualidade ou têm planos para adoptar sistemas de qualidade, fizeram-no devido à pressão competitiva, à pressão da indústria, porque tinham os recursos financeiros e a sofisticação da gestão da qualidade para o fazer, e devido aos benefícios que perceberam ao adoptar esta inovação. A pressão competitiva sob a forma de pressão dos concorrentes, clientes, fornecedores aprovados, utilizadores finais permanece como o factor mais importante que contribui para a intenção de adoptar sistemas de qualidade. Contudo, quer uma empresa perceba ou não que tem a prontidão organizacional sob a forma de recursos financeiros e sofisticação da gestão da qualidade para adoptar sistemas de qualidade, ou se a empresa percebe os benefícios da adopção de sistemas de qualidade ou se recebe pressão externa sob a forma de pressão competitiva ou pressão da indústria para adoptar sistemas de qualidade, a adopção de sistemas de qualidade para os que pertencem a esta indústria é um requisito.

A FDA determinou a necessidade de sistemas de qualidade para as indústrias de dispositivos médicos, farmacêuticas e de tecidos/células, a fim de tornar as normas dos EUA consistentes com os requisitos do sistema de qualidade a nível mundial, incorporando um conjunto de verificações e equilíbrios para assegurar um produto acabado seguro e eficaz (FDA dos EUA, 4 de Outubro de 1996). Estas verificações e balanços estão em vigor há décadas nas indústrias automóvel, aeroespacial e do Departamento de Defesa. Embora a adesão ao regulamento do sistema de qualidade faça bom sentido comercial, bem como sirva para proteger a saúde pública, o pré-requisito para o cumprimento é compreender e interpretar o significado do regulamento do sistema de qualidade. Compreender a regulamentação do sistema de qualidade pode ser um desafio, uma vez que dá o resultado final necessário em vez de um método específico para atingir este resultado final (FDA dos EUA, Dezembro de 1996). Por conseguinte, cabe a cada fabricante de dispositivos médicos, farmacêuticos ou de produtos baseados em tecidos/células exercer um bom discernimento ao desenvolver um sistema de qualidade e o fabricante assume a responsabilidade pelo fabrico de produtos de alta qualidade.

Embora os requisitos para os estabelecimentos de dispositivos médicos adoptarem sistemas de qualidade estejam em vigor desde 1996, é evidente pela revisão das cartas de advertência da FDA que não só há empresas a operar nos EUA que não têm sistemas de qualidade em vigor, como também, de acordo com as cartas de advertência, a direcção superior declara aos inspectores da FDA que nem sequer tinham conhecimento de que se tratava de um requisito (US FDA, n.d. , *cartas de advertência da FDA).* Será importante que todos os proprietários e gestores de topo das empresas que operam na indústria das ciências da saúde estudem e se tornem extremamente conscientes dos requisitos do sistema de qualidade e depois recrutem e retenham o pessoal qualificado adequado para poderem implementar sistemas de qualidade.

Mesmo para as empresas que se consideram "pequenas", a FDA não faz excepções para este efeito, no entanto, num esforço para prestar assistência a pequenas entidades, a FDA publicou um guia para as empresas do sector intitulado "Medical Device Quality Systems Manual": A Small Entity Compliance Guide" (FDA dos EUA, Dezembro de 1996). Embora o termo "dispositivo médico" seja utilizado neste documento, este documento é útil e constitui um bom ponto de partida para a aplicação de sistemas de qualidade em qualquer indústria no âmbito das ciências da saúde.

A administração precisa de compreender que o verdadeiro custo da não conformidade envolve muito mais aspectos do que apenas ter de corrigir as deficiências citadas pela FDA durante uma inspecção. Alguns dos custos da não conformidade incluem má publicidade através de observações inspectivas sob a forma de um formulário FDA 483 (Notice of Observations) ou de uma carta de aviso para violações mais graves que ameaçam a acção judicial se não forem feitas correcções - tanto o formulário FDA 483 como a carta de aviso estão disponíveis para revisão pública por qualquer pessoa que visite o website da FDA. Outros custos graves de não conformidade incluem a retirada ou apreensão do produto pela FDA; multas pecuniárias; processo criminal da empresa, de empregados individuais, ou do cargo mais responsável (Presidente ou CEO); retirada da aprovação; revogação da licença do produto; ou revogação da licença de estabelecimento.

Outros custos graves de não conformidade incluem ainda o custo de defender uma acção de responsabilidade civil; o custo de perder uma acção de responsabilidade civil; o custo da publicidade negativa associada a uma acção de responsabilidade civil; o custo da má qualidade dos produtos que foram fabricados; bem como potenciais problemas de segurança associados a um produto de qualidade inferior. É um facto bem conhecido que as empresas das ciências da saúde são alvos regulares de acções de responsabilidade por produtos e se um queixoso puder utilizar uma violação da FDA para apoiar a sua reivindicação de responsabilidade, isto pode apoiar provas de negligência. Por conseguinte, é imperativo que a direcção, especialmente a direcção de topo, compreenda os requisitos regulamentares associados aos requisitos do sistema de qualidade na indústria das ciências da saúde e que forneça os recursos necessários para o conseguir.

Ao estudar a adopção de uma inovação que é uma exigência do organismo regulador (FDA), pode ser difícil obter uma resposta generalizada por receio das repercussões da agência reguladora. Os potenciais inquiridos podem desconfiar da fonte que solicita informações sob a forma de um inquérito e se a inovação regulamentada ainda não for adoptada por esta empresa, podem achar mais seguro não participar como inquirido do que participar e correr o risco de serem entregues à agência regulamentadora por incumprimento. Isto é ainda sublinhado pelo facto de a empresa, e não a FDA, assumir a responsabilidade global pela adopção de sistemas de qualidade, de modo a informar que este requisito não foi cumprido, mesmo num inquérito que promete anonimato, poderia potencialmente aumentar a responsabilidade por parte da empresa.

Limitações

Esta investigação tem várias limitações. Em primeiro lugar, a utilização de dados de auto-relato para todos os acusados pode também ser uma limitação na medida em que os potenciais problemas podem estar relacionados com medidas de auto-relato, tais como variação do método comum (Campbell & Fiske, 1959), um motivo de consistência, desejabilidade social (Arnold & Feldman, 1981), ou efeito halo. Contudo, Wagner e Crampton (1993), numa meta-análise, descobriram "que a percepção da inflação não teve os efeitos amplos e abrangentes previstos pelos críticos".

A outra limitação bastante aparente deste trabalho é que a taxa de resposta e a dimensão da amostra correspondente era bastante baixa. No entanto, Kim (1998) afirma que o tamanho da amostra não é um problema quando o modelo está correcto e o ajuste resultante é bom. Por outro lado, não se sabe se as percepções relatadas para este trabalho se devem ao facto de apenas as empresas que já tinham adoptado sistemas de qualidade ou que tinham a intenção definitiva de adoptar estarem dispostas a completar o inquérito e as que não tinham suspeitado da forma como a informação seria utilizada e se esta seria relatada à FDA e, como tal, não responderam ao convite para completar o inquérito. É evidente que embora a adopção de sistemas de qualidade seja um requisito da indústria, há muitas empresas que não adoptaram sistemas de qualidade, tal como evidenciado pelas muitas cartas de advertência da FDA às empresas que citam esta deficiência (cartas de advertência da FDA, n.d.).

Recomendações para a Investigação Futura

A investigação futura pode avançar em numerosas direcções. Este estudo poderia ser repetido com uma amostra maior de empresas na indústria de dispositivos médicos, farmacêutica e de produtos baseados em tecidos/células. Um tamanho de amostra maior testaria melhor e confirmaria as relações do modelo, tal como apresentado. Os investigadores teriam de encontrar uma forma de obter a confiança dos inquiridos para além da promessa de que a informação será mantida confidencial, especialmente para as empresas que ainda não adoptaram sistemas de qualidade.

Uma vez que a maioria dos inquiridos neste estudo já tinha adoptado sistemas de qualidade ou estava em fase de teste piloto, um estudo que considerasse apenas as percepções daqueles que ainda não adoptaram sistemas de qualidade lançaria uma luz significativa sobre as percepções daqueles que ainda não adoptaram. As razões do atraso na adopção seriam interessantes para estudar para determinar quais as barreiras ou obstáculos mais comuns existentes que impedem as empresas de adoptar. No entanto, o receio de ser comunicado à FDA continua a ser uma consideração para aqueles que ainda não estão em conformidade com a exigência de adoptar sistemas de qualidade. Outro obstáculo à obtenção de respostas por parte das empresas que ainda não adoptaram sistemas de qualidade seria o de não quererem admitir a responsabilidade, comunicando a uma fonte, ainda que anónima, que os sistemas de qualidade ainda não foram implementados.

O autor acredita que o modelo tem aplicabilidade geral na adopção de outras inovações na indústria das ciências da saúde, tais como a adopção da gestão de riscos e a adopção da certificação ISO (normas internacionais de certificação de sistemas de qualidade). O modelo pode também ter aplicabilidade a indústrias fora da arena das ciências da saúde e embora isto também possa exigir a reoperação de algumas das construções, as relações previstas devem continuar a manter-se.

Além disso, a pressão externa sob a forma de estudo da dependência dos clientes/utilizadores finais da empresa ou do poder do cliente/utilizador final decretado não foi estudada e estas relações podem ser potencialmente bastante relevantes. É bastante provável que um grande cliente ou um grupo combinado de clientes mais pequenos possa obrigar uma empresa a adoptar sistemas de qualidade como o cliente e/ou utilizador final teria na maioria dos casos, ter a última palavra a dizer se optou por utilizar e pagar pelos serviços/produtos fabricados pela empresa.

Apêndice A

Estudo-piloto - Primeiro convite por e-mail

Caro Colegas:

Está a ser realizado um inquérito para melhor compreender e avaliar as percepções dos profissionais da indústria das Ciências da Saúde na adopção de Sistemas de Qualidade.

Hoje, pedimos a vossa ajuda para participar neste breve inquérito. Agradecemos sinceramente o seu tempo para responder a estas perguntas e para completar o inquérito. Todas as respostas são confidenciais e os dados serão desidentificados para excluir o seu nome e endereço de correio electrónico antes de serem utilizados para análise de dados. Os dados serão utilizados para uma dissertação de doutoramento patrocinada pela Universidade Nova Southeastern.

Agradecemos antecipadamente o preenchimento deste inquérito e se assim indicar no final deste inquérito, o seu nome será inscrito num sorteio para uma das cinco assinaturas anuais do "Journal of Quality Technology", uma publicação da American Society for Quality, (avaliada em $45,00) ou inscrito num sorteio para uma das três assinaturas anuais do "Quality Progress", a principal publicação da American Society for Quality, (avaliada em $80,00).

Sinceramente,

Candidato a Doutoramento
Universidade Nova Southeastern, Escola de Negócios e Empreendedorismo H Wayne Huizenga

Apêndice B

Estudo-piloto - Convite por e-mail modificado

Caro Colegas:

Convidamo-lo a fornecer as suas opiniões profissionais para um importante - mas breve - estudo da indústria que está a ser realizado para melhor compreender e avaliar as percepções dos profissionais da indústria das Ciências da Saúde na adopção de Sistemas de Qualidade. Isto não é uma tentativa de lhe vender nada e não receberá quaisquer chamadas de vendas como resultado da conclusão do estudo.

Hoje, pedimos a sua ajuda para participar neste inquérito baseado na Web, fácil de utilizar e com duração inferior a 3 minutos, que envolve um simples clique na caixa apropriada para a sua resposta. Se acha que a sua gestão de GQ/Regulamentação estaria mais apta a completar este inquérito, agradecemos que lhes transmita esta informação. As suas respostas individuais não serão identificadas, mas serão combinadas com outras na comunicação dos resultados. Esperamos que reserve alguns momentos do seu tempo para ajudar com este projecto.

Os dados serão analisados por um estudante de tese de doutoramento e os participantes convidados estão entre aqueles que, como você, fazem parte da Indústria das Ciências da Saúde. O vosso benefício será ajudar um estudante de doutoramento humilde e também aumentar o corpo de conhecimentos para aqueles de nós que trabalham na indústria das Ciências da Saúde. A investigação destina-se a determinar se a percepção dos Sistemas de Qualidade como uma inovação influenciou ou influenciará a probabilidade de adoptar esta inovação nas práticas empresariais.

Agradecemos antecipadamente a conclusão deste levantamento - aguardamos com expectativa a sua resposta. Dar-lhe-emos um incentivo para participar nesta pesquisa; verá os detalhes quando clicar no link para fazer o inquérito.

Para participar, basta clicar no link abaixo (ou pode também copiar e colar o seguinte link na barra de endereços do seu navegador):

URL do inquérito:
http://www.hostedsurvey.com/takesurvey.asp?c=QSSold&rc=TK1234

Sinceramente,

Candidato a Doutoramento

Apêndice C

Estudo Piloto - Inquérito aos Sistemas de Qualidade

Inquérito aos Sistemas de Qualidade

O inquérito seguinte está a ser realizado para melhor compreender e avaliar as percepções dos profissionais da indústria das Ciências da Saúde na adopção de Sistemas de Qualidade.

Agradecemos sinceramente o seu tempo na resposta a estas perguntas. Todas as respostas são confidenciais e os dados serão desidentificados para excluir o seu nome e endereço de correio electrónico antes de serem utilizados para análise de dados. Os dados serão utilizados para uma dissertação de doutoramento patrocinada pela Universidade Nova Southeastern.

Obrigado antecipadamente pela conclusão deste inquérito. Se assim o indicar no final deste inquérito, o seu nome será inscrito num dos seguintes sorteios de prémios:

- Cinco vencedores receberão uma assinatura anual do "Journal of Quality Technology", uma publicação da American Society for Quality, (avaliada em $45.00)
- Três vencedores receberão uma assinatura anual de "Quality Progress", a principal publicação da American Society for Quality, (avaliada em $80.00).

Todos os vencedores serão escolhidos por uma terceira parte independente.

Begin Survey

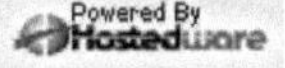

Sector da Indústria (seleccionar todas as que se aplicam):

I I I Dispositivo Médico

I I Farmacêutico

I I Produtos à base de tecidos e células

Responsabilidade Profissional Primária:

Garantia de Qualidade

Assuntos Regulatórios

Desenvolvimento de Produtos

Operações

Género:

Homem

Feminino

Anos na Indústria:

< 2

02 - 5

6 - 10

> 10

Educação (seleccionar o nível mais alto):

Diploma do ensino secundário

Grau de associado

Bacharelato

Mestrado

PhD/MD/JD/outro grau de doutoramento

Submeter

De modo algum Útil | Um pouco Útil | Extremamente | AjudaDonão
1234567 Conhecer

Na sua indústria, é a adopção de sistemas de qualidade útil ao permitir , uma organização и permanecem competitivo?

Sem pressãoSomeExtreme
em tudoPressure | PressãoDonão
123456 7 Conhecer

Por favor, classifique a pressão para adoptar sistemas de qualidade colocados na sua organização pelos seus *concorrentes*.

Por favor, classifique a pressão para adoptar sistemas de qualidade colocados na sua organização pelos seus *clientes*.

Por favor, classifique a pressão para adoptar sistemas de qualidade placed no seu organização por os seus *fornecedores aprovados*.

Por favor, classifique a pressão para adoptar sistemas de qualidade colocados na sua organização pelos seus *utilizadores finais*.

Sem pressãoSomeExtreme
em tudoPressure PressãoDonão
12 34567 Conhecer

Por favor, avalie a pressão exercida sobre a sua organização para adoptar sistemas de qualidade pelas *associações comerciais* da indústria.

Por favor avalie a pressão exercida sobre a sua organização para adoptar sistemas de qualidade pela indústria *associações reguladoras, de certificação, ou de acreditação*.

Por favor, avalie a pressão exercida sobre a sua organização para adoptar sistemas de qualidade por *associações profissionais* da indústria.

Por favor, avalie a pressão exercida sobre a sua organização para adoptar sistemas de qualidade por outras empresas da sua indústria.

Quantas vezes por ano recebe informação sobre Sistemas de Qualidade de fontes externas à sua organização (tais como associações industriais, associações profissionais, ou boletins informativos comerciais)?
Se não souber, por favor escreva DK.

Muito Muito Muito
NegativoNeutroPositivoDonão
1234567 Conhecer

Avalie por favor a atitude da sua gestão de topo em relação, à implantação de sistemas de qualidade na sua organização.

Os sistemas de qualidade podem ser utilizados para uma série de objectivos. Em que medida os sistemas de qualidade são importantes para o cumprimento dos seguintes objectivos na sua organização?

De modo algum Importante
ModeratelyExtremely Importante
ImportanteNão
12 34567 Conhecer

Custos Operacionais Redução

Produtividade Melhoramentos

Melhoria da Qualidade de Decisão

Fazendo

Melhorado Competitividade

Produto melhorado Qualidade

Submeter

Acabar mais tarde

pяшяг яг| Por

De modo algum Significativo ModeratelyExtremely Significativo SignificantDon' t
1234567Know

No contexto do orçamento global da sua organização, quão significativo seria o custo financeiro do desenvolvimento e implementar sistemas de qualidade ser?

No contexto do orçamento global da sua organização, quão significativa é para a sua organização a importância de ter um orçamento dedicado aos sistemas de qualidade?

No contexto do orçamento global de pessoal da sua organização, quão significativa é para a sua organização a importância de ter em pelo menos um gestor de sistemas de qualidade dedicado a tempo inteiro?

Aproximadamente quantas pessoas estão empregadas na sua organização?
Se não souber, por favor escreva DK.

Qual foi a receita (aproximada) total da sua organização no ano passado (por exemplo $1,000.00)? (Para organizações sem fins lucrativos, indique o orçamento operacional total).
Se não souber, por favor escreva DK.

Submeter

Acabar mais tarde

Pow ered By IA/CI ri?

Em que fase do desenvolvimento do sistema de qualidade a sua organização está actualmente empenhada?

Não Desenvolver actualmente um Sistema de Qualidade

Planeamento

Teste piloto

Sistema de qualidade desenvolvido e operacional

Não sei

N/A-
Definido Qualidade
Não IntentModerateIntent Don't Systems
123 Intenção 4567 Conhecer no local

Se ainda não adoptado, a sua organização pretende adoptar sistemas de qualidade OOOOOOO O **O?**

Se ainda não foi adoptado, a sua organização pretende utilizar pessoal interno para adoptar a qualidade ' ' "? sistemas?

Se ainda não foi adoptado, a sua organização pretende utilizar a ajuda de consultores externos em Q, (J (J (J (J (J Q (J **adoptando sistemas de qualidade?**

Se a sua organização está a desenvolver sistemas de qualidade ou pretende adoptar sistemas de qualidade, quanto tempo prevê que terá um sistema de qualidade operacional?

Menos de 6 meses

6 a 12 meses

12 a 18 meses

18 a 24 meses

Mais de 24 meses

Nenhum plano para desenvolver sistemas de qualidade

Sistemas de N/A-Qualidade em vigor

Submeter

Avalie por favor a importância de alcançar cada um dos seguintes benefícios dos sistemas de qualidade em termos da decisão passada, presente ou futura da sua organização de adoptar sistemas de qualidade.

De modo algum Importante

ModeratelyExtremely Importante ImportanteNão

1234567 Conhecer

Aumento da Produtividade

Redução dos custos gerais , ■■■, , ■■■, , ■■■,, ■■■, , ■■■,, ■■■,, ■■■, , ■■■,

Taxas de Erro Reduzidas .

Melhoria do Serviço ao Cliente f.... ff- ... f.... f.... f

Maior qualidade do produto

Precisão melhorada

Capacidade melhorada para Competir OOOOOOOOO

Submeter

Acabar mais tarde

Powered By

Para garantir que o seu nome é inscrito (por um terceiro independente) no desenho, faça a sua selecção para uma das seguintes opções:

Por favor insira o meu nome num desenho para uma das cinco assinaturas anuais do "Journal of Quality Technology", uma publicação da American Society for Quality, (avaliada em $45,00).

Por favor insira o meu nome num desenho para uma das três assinaturas anuais da "Quality Progress", a principal publicação da American Society for Quality, (avaliada em $80.00).

Por favor, não introduza o meu nome em nenhum desenho.

Assim, a parte independente poderá contactá-lo se ganhar, por favor forneça o seu nome e endereço de correio electrónico:
Nome: **E-mail:**

Submeter

Acabar mais tarde

Powered By

Obrigado

A terceira parte independente notificará todos os vencedores por e-mail.

Inquérito
Final

Apêndice D

Inquérito aos Sistemas de Qualidade Modificados - Após Análise de Estudo Piloto para Fiabilidade

Inquérito aos Sistemas de Qualidade

O inquérito seguinte está a ser realizado para melhor compreender e avaliar as percepções das pessoas da indústria das Ciências da Saúde na adopção de Sistemas de Qualidade.

Agradecemos sinceramente o seu tempo na resposta a estas perguntas. Todas as respostas são confidenciais e os dados serão desidentificados para excluir o seu nome e endereço de correio electrónico antes de serem utilizados para análise de dados. Os dados serão utilizados para uma dissertação de doutoramento patrocinada pela Universidade Nova Southeastern.

Obrigado antecipadamente pela conclusão deste inquérito. Se assim o indicar no final deste inquérito, o seu nome será inscrito num dos seguintes sorteios de prémios:

- Cinco vencedores receberão uma assinatura anual do "Journal of Quality Technology", uma publicação da American Society for Quality, (avaliada em $45.00)
- Três vencedores receberão uma assinatura anual de "Quality Progress", a principal publicação da American Society for Quality, (avaliada em $80.00).

Todos os vencedores serão escolhidos por uma terceira parte independente.

Iniciar Inquérito

^Powered By

Sector da Indústria (seleccionar todas as que se aplicam):

I I I Dispositivo Médico

I I Farmacêutico

I I Produtos à base de tecidos e células

Responsabilidade Profissional Primária:

Garantia de Qualidade

Assuntos Regulatórios

Desenvolvimento de Produtos

Operações

Género:

Homem

Feminino

Anos na Indústria:

< 2

02 - 5

6 - 10

> 10

Educação (seleccionar o nível mais alto):

Diploma do ensino secundário

Grau de associado

Bacharelato

Mestrado

PhD/MD/JD/outro grau de doutoramento

Submeter

De modo algum Útil   Somewhathatremely Útil   AjudaDonão 1234567 Conhecer

Na sua indústria, a adopção de sistemas de qualidade é útil para permitir que uma organização se mantenha competitiva?

Sem pressãoSomeExtreme em tudoPressure   PressãoDonão 123456 7 Conhecer

Por favor, avalie a pressão para adoptar sistemas de qualidade colocado na sua organização Q OOOOOOO O **pelos seus *concorrentes*.**

Por favor, avalie a pressão para adoptar sistemas de qualidade colocado na sua organização O OOOOOOO O **pelos seus *clientes*.**

Por favor, avalie a pressão para adoptar sistemas de qualidade colocados na sua organização pelos seus *fornecedores aprovados*.

Por favor, avalie a pressão para adoptar sistemas de qualidade colocado na sua organização Q OOOOOOO O **pelos seus *utilizadores finais*.**

Submeter

Acabar mais tarde

Powered By

Sem pressãoSoma Extremo
em tudoPressure PressãoDonão
1234567 Conhecer

Por favor avalie a pressão exercida sobre a sua organização para adoptar sistemas de qualidade através de ○ ○○○○○○○ ○ ***associações comerciais*** **da indústria.**

Por favor, avalie a pressão exercida sobre a sua organização para adoptar sistemas de qualidade por *regulamentos* da indústria, ○ ○○○○○○○ ○ ***certificação, ou associações de acreditação.***

Por favor avalie a pressão exercida sobre a sua organização para adoptar sistemas de qualidade por *profissionais* da indústria ' ' ' '' '' '' '' '' '' ' ***associações.***

Por favor, avalie a pressão exercida sobre a sua organização para adoptar sistemas de qualidade por outras empresas do seu sector.

Quantas vezes por ano recebe informação sobre Sistemas de Qualidade de fontes externas à sua organização (tais como associações industriais, associações profissionais, ou boletins informativos comerciais)?
Se não souber, por favor escreva DK.
I '

Submeter

Acabar mais tarde

Powered By IA/CI
ГI?

Muito Muito Muito
NegativoNeutroPositivoDonão
1234567 Conhecer

Avalie por favor a atitude da sua gestão de topo em relação à implantação de sistemas de qualidade na sua organização.

Os sistemas de qualidade podem ser utilizados para uma série de objectivos. Em que medida os sistemas de qualidade são importantes para o cumprimento dos seguintes objectivos na sua organização?

De modo algum Importante ModeratelyExtremely Importante ImportanteNão
1234567 Conhecer

Custos Operacionais

Redução OOOOOOOO O

Melhorias de Produtividade f f· ··· fff

Melhoria da Qualidade de

Tomada de decisões OOOOOOOO O

Melhoria da Competitividade f···· ff-···· f···· f···· f

Melhoria da Qualidade do Produto f···· ff-···· f···· f···· f

Submeter

Powered By

Acabar mais tarde

De modo algum Significativo ModeratelyExtremely Significativo SignificantDon' t
1234567Know

No contexto do orçamento global da sua organização, quão significativo seria o custo financeiro de O O O O O O O O O O O O O O O **desenvolver e implementar sistemas de qualidade ser?**

No contexto do orçamento global da sua organização, quão significativa se sente a organização OOOOOOOO O **a importância de ter um orçamento dedicado aos sistemas de qualidade?**

No contexto do orçamento global de pessoal da sua organização, quão significativa é para a sua organização a importância de ter pelo menos um gestor de sistemas de qualidade dedicado a tempo inteiro?

No contexto do orçamento geral de pessoal da sua organização, quão significativa é para a sua organização a importância de ter um membro aQOOOOOQ Q **da sua equipa de gestão executiva a supervisionar todas as questões de qualidade?**

No contexto do orçamento global da sua organização, quão significativa se sente a sua organização em relação ao OOOOOOOO O **importância de atribuir recursos para a formação em toda a organização sobre sistemas de qualidade?**

Aproximadamente quantas pessoas estão empregadas na sua organização?
Se não souber, por favor escreva DK.

Qual foi a receita (aproximada) total da sua organização no ano passado (por exemplo $1,000.00)?
(Para organizações sem fins lucrativos, indique o orçamento operacional total.) Se não souber, por favor escreva DK.

Submeter

Acabar mais tarde

Em que fase do desenvolvimento do sistema de qualidade a sua organização está actualmente empenhada?

Não Desenvolver actualmente um Sistema de Qualidade

Planeamento

Teste piloto

Sistema de qualidade desenvolvido e operacional

Não sei

N/A-
DefiniteQuality
Não IntentModerateIntent Don't Systems
123 Intenção 4567 Conhecer no local

Se ainda não adoptado, a sua organização pretende adoptar sistemas de qualidade OOOOOOO O **O?**

Se ainda não foi adoptado, a sua organização pretende utilizar pessoal interno para adoptar a qualidade ' ' "? sistemas?

Se ainda não foi adoptado, a sua organização pretende utilizar a ajuda de consultores externos em Q, (J (J (J (J (J Q (J **adoptando sistemas de qualidade?**

Se a sua organização está a desenvolver sistemas de qualidade ou pretende adoptar sistemas de qualidade, quanto tempo prevê que terá um sistema de qualidade operacional?

Menos de 6 meses

6 a 12 meses

12 a 18 meses

18 a 24 meses

Mais de 24 meses

Nenhum plano para desenvolver sistemas de qualidade

Sistemas de N/A-Qualidade em vigor

Submeter

Avalie por favor a importância de alcançar cada um dos seguintes benefícios dos sistemas de qualidade em termos da decisão passada, presente ou futura da sua organização de adoptar sistemas de qualidade.

De modo algum Importante

ModeratelyExtremely Importante ImportanteNão

1234567 Conhecer

Aumento da Produtividade

Redução dos custos gerais , ■■■, , ■■■, , ■■■,, ■■■, , ■■■,, ■■■,, ■■■, , ■■■,

Taxas de Erro Reduzidas .

Melhoria do Serviço ao Cliente f.... ff- ... f.... f.... f

Maior qualidade do produto

Precisão melhorada

Capacidade melhorada para Competir OOOOOOOOO

Submeter

Acabar mais tarde

Powered By

Para garantir que o seu nome é inscrito (por um terceiro independente) no desenho, faça a sua selecção para uma das seguintes opções:

Por favor insira o meu nome num desenho para uma das cinco assinaturas anuais do "Journal of Quality Technology", uma publicação da American Society for Quality, (avaliada em $45,00).

Por favor insira o meu nome num desenho para uma das três assinaturas anuais da "Quality Progress", a principal publicação da American Society for Quality, (avaliada em $80.00).

Por favor, não introduza o meu nome em nenhum desenho.

Assim, a parte independente poderá contactá-lo se ganhar, por favor forneça o seu nome e endereço de correio electrónico:
Nome: **E-mail:**

Submeter

Acabar mais tarde

Powered By

Obrigado

A terceira parte independente notificará todos os vencedores por e-mail.

Inquérito Final

Apêndice E

Carta de convite - Convites enviados por correio

Caro Colegas,

Convidamo-lo a partilhar os seus pontos de vista profissionais para um importante - mas breve - estudo da indústria que está a ser realizado para melhor compreender e avaliar as percepções dos profissionais da indústria das Ciências da Saúde na adopção de Sistemas de Qualidade. Isto não é uma tentativa de lhe vender nada e não receberá quaisquer chamadas de vendas ou mailings como resultado da conclusão deste inquérito.

Todas as respostas são confidenciais e as suas respostas individuais não serão identificadas - o terceiro independente que administra este inquérito combinará todos os dados desidentificados antes de comunicar os dados ao investigador. O seu benefício será ajudar um estudante de doutoramento humilde e também aumentar o corpo de conhecimentos para aqueles de nós que trabalham na indústria das Ciências da Saúde. A investigação destina-se a determinar se a percepção dos Sistemas de Qualidade como uma inovação influenciou ou influenciará a probabilidade de adoptar esta inovação nas práticas empresariais.

Obrigado antecipadamente por completar este inquérito - aguardo com expectativa a vossa resposta usando a seguinte ligação para levar o inquérito em linha:

www.hostedsurvey.com/nsu.asp

Se assim o desejar, o seu nome será inscrito por um terceiro independente num desenho para a sua escolha de um dos vários incentivos para participar nesta pesquisa; verá os detalhes no final do inquérito online.

Melhores cumprimentos,

Candidato a Doutoramento

Universidade Nova Southeastern, Escola de Negócios e Empreendedorismo H Wayne Huizenga

Apêndice F

Inquérito aos Sistemas de Qualidade Modificados com Codificação

Inquérito aos Sistemas de Qualidade

Informação geral:

Sector da Indústria (seleccionar todas as que se aplicam):

□ Dispositivo médico
□ Farmacêutica
□ Produtos à base de tecidos e células

Responsabilidade Profissional Primária:

□ Garantia de Qualidade
□ Assuntos Regulatórios
□ Desenvolvimento de Produtos
□Operations

Género:

□ Feminino
□ Homem

Anos na Indústria:

□ < 2
□ 2-5
□ 6-10
□ > 10

Educação (seleccionar o nível mais alto):

□ Diploma do ensino secundário
□ Grau de associado
□ Bacharelato
□ Mestrado
□ PhD/MD/JD/outro grau de doutoramento

Inquérito aos Sistemas de Qualidade

Pressão Competitiva

CP1. Na sua indústria, a adopção de sistemas de qualidade é útil para permitir que uma organização se mantenha competitiva?

De modo algum Alguma coisaExtremamenteNão o faça
Útil Útil HelpfulKnow

1234567X

CP2. Por favor, avalie a pressão para adoptar sistemas de qualidade colocados na sua organização pelos seus **concorrentes**.

Sem pressãoSomeExtremeDonão
em tudoPressure PressureKnow

1234567X

CP3. Por favor, avalie a pressão para adoptar sistemas de qualidade colocados na sua organização pelos seus **clientes**.

Sem pressãoSomeExtremeDonão
em tudoPressure PressureKnow

1234567X

CP4. Por favor, avalie a pressão para adoptar sistemas de qualidade colocados na sua organização pelos seus **fornecedores aprovados**.

Sem pressãoSomeExtremeDonão
em absoluto Pressão PressureKnow

1234567X

CP5. Por favor, avalie a pressão para adoptar sistemas de qualidade colocados na sua organização pelos seus **utilizadores finais**.

Sem pressãoSomeExtremeDonão
em tudoPressure PressureKnow

1234567X

Inquérito aos Sistemas de Qualidade

Pressão industrial

IP1. Por favor, avalie a pressão exercida sobre a sua organização para adoptar sistemas de qualidade pelas **associações comerciais** da indústria.

Sem pressãoSomeExtremeDonão
em tudoPressure PressureKnow

1234567X

IP2. Avalie a pressão exercida sobre a sua organização para adoptar sistemas de qualidade por **associações reguladoras, de certificação, ou de acreditação** da indústria.

Sem pressãoSomeExtremeDonão
em tudoPressure PressureKnow

1234567X

IP3. Avalie a pressão exercida sobre a sua organização para adoptar sistemas de qualidade pelas **associações profissionais** da indústria.

Sem pressãoSomeExtremeDonão
em tudoPressure PressureKnow

1 234567X

IP4. Por favor, avalie a pressão exercida sobre a sua organização para adoptar sistemas de qualidade por outras empresas da sua indústria.

Sem pressãoSomeExtremeDonão
em tudoPressure PressureKnow

1234567X

1234567X

IP5. Quantas vezes por ano recebe informação sobre Sistemas de Qualidade de fontes externas à sua organização (tais como associações industriais, associações profissionais, ou boletins informativos comerciais)?

-- Vezes por ano [] Não Sabe

Quality Systems Survey

Sofisticação da Gestão da Qualidade

QM1. Avalie por favor a atitude da sua gestão de topo relativamente à implantação de sistemas de qualidade na sua organização.

Muito Muito VeryDon' t
NegativeNeutralPositiveKnow

1234567X

QM2-6. Os sistemas de qualidade podem ser utilizados para uma série de objectivos. Em que medida os sistemas de qualidade são importantes para o cumprimento dos seguintes objectivos na sua organização?

De modo algum
ModeradamenteExtremamenteDeixar
Importante Importante ImportantKnow

Custos Operacionais
Redução1234567X
Produtividade
Melhoramentos1234567X
Melhoria da Qualidade de
Tomada de decisão1234567X
Melhorado
Competitiveness1234567X
Melhorado1234567X
Qualidade do produto

Recursos Financeiros

FR1. No contexto do orçamento global da sua organização, quão significativo seria o custo financeiro do desenvolvimento e implementação de sistemas de qualidade? *

De modo algum
ModeradamenteExtremamenteDeixar
Significativo Significativo SignificantKnow

1234567X

FR2. No contexto do orçamento global da sua organização, quão significativa é para a sua organização a importância de ter um orçamento dedicado aos sistemas de qualidade? *

De modo algum
ModeradamenteExtremamenteDeixar
Significativo Significativo SignificantKnow

1234567X

FR3. No contexto do orçamento global de pessoal da sua organização, quão significativa é para a sua organização a importância de ter pelo menos um gestor de sistemas de qualidade dedicado a tempo inteiro? *

De modo algum
ModeradamenteExtremamenteDeixar
Significativo Significativo SignificantKnow

1234567X

FR6. No contexto do orçamento geral de pessoal da sua organização, quão significativa é para a sua organização a importância de ter um membro da sua equipa de gestão executiva a supervisionar todas as questões de qualidade?

De modo algum
ModeradamenteExtremamenteDeixar
Significativo Significativo SignificantKnow

1234567X

FR7. No contexto do orçamento global da sua organização, quão significativa é a importância de atribuir recursos para a formação em toda a organização sobre sistemas de qualidade?

De modo algum
ModeradamenteExtremamenteDeixar
Significativo Significativo SignificantKnow

1234567X

FR4. Aproximadamente quantas pessoas estão empregadas na sua organização?
-- As pessoas [] Não Sabem

FR5. Qual foi a receita (aproximada) total da sua organização no ano passado? (Para organizações sem fins lucrativos, indique o orçamento operacional total).
[log-scalado]

Quality Systems Survey

Intent to Adopt Quality Systems

IA1. Em que fase do desenvolvimento do sistema de qualidade a sua organização está actualmente empenhada?

[] Não Desenvolver actualmente um Sistema de Qualidade
[] Planeamento
[] Teste piloto
[} Sistema de qualidade desenvolvido e operacional
Não sei

IA2. Se ainda não foi adoptada, a sua organização pretende adoptar sistemas de qualidade?

Sem Intenção de Moderar a IntençãoDefinida Não N/A-Qualidade
Adoptto Adoptto AdoptKnow Systems no local

1234567 X X

IA3. Se ainda não for adoptada, a sua organização pretende utilizar pessoal interno para adoptar sistemas de qualidade?

Sem Intenção de Moderar a IntençãoDefinida Não N/A-Qualidade
Adoptto Adoptto AdoptKnow Systems no local

1234567 X X

IA4. Se ainda não for adoptada, a sua organização pretende utilizar a ajuda de consultores externos na adopção de sistemas de qualidade?

Sem Intenção de Moderar a IntençãoDefinida Não N/A-Qualidade
Adoptto Adoptto AdoptKnow Systems no local

1234567 X X

IA5. Se a sua organização está a desenvolver sistemas de qualidade ou pretende adoptar sistemas de qualidade, quanto tempo prevê que terá um sistema de qualidade operacional?

[] Menos de 6 meses
[] 6 a 12 meses
[] 12 a 18 meses
[] 18 a 24 meses
[] Mais de 24 meses
[] Nenhum plano para desenvolver sistemas de qualidade
[] Sistemas de Qualidade N/A em vigor

Quality Systems Survey

Perceived Benefits

PBI-7. Avalie por favor a importância de alcançar cada um dos seguintes benefícios dos sistemas de qualidade em termos da decisão da sua organização de adoptar ou não sistemas de qualidade.

De modo algum ModeradamenteExtremamenteDeixar
Importante Importante ImportantKnow

Aumentado1234567X
Produtividade

Custo geral1234567X
Redução

Taxas de Erro Reduzidas1234567X

Cliente melhorado1234567X
Serviço

Produto superior1234567X
Qualidade

Precisão melhorada1234567X

Capacidade melhorada para 1234567X
Competir

Obrigado!

Inquérito aos Sistemas de Qualidade

Para garantir que o seu nome é inscrito (por um terceiro independente) no desenho, faça a sua selecção para uma das seguintes opções:

□ Por favor insira o meu nome num desenho para uma das cinco assinaturas anuais do "Journal of Quality Technology", uma publicação da American Society for Quality, (avaliada em $45.00) ou

□ Por favor insira o meu nome num desenho para uma das três assinaturas anuais da "Quality Progress", a principal publicação da American Society for Quality, (avaliada em $80.00).

O endereço de e-mail e o nome devem ser enviados directamente para HostedSurvey e os vencedores podem ser contactados directamente pela HostedSurvey para dar instruções para a reclamação do prémio. Assim, a parte independente poderá contactá-lo se ganhar, por favor forneça o seu nome e endereço de correio electrónico:

Nome: ______________________________

Método de Contacto (seleccionar um):

□ Email

□ Por favor contacte-me utilizando o endereço postal para o qual o inquérito foi enviado

Apêndice G

Análise de Factores - Estudo Completo

```
/VARIÁVEIS CP1 CP2 CP3 CP4 CP5 CP5 /SEM LISTA /ANÁLISE CP1 CP2 CP3
CP4 CP5
/IMPRESSÃO ROTAÇÃO INICIAL DE EXTRACÇÃO
/CRITÉRIO MINEIGEN(1) ITERAR(25)
/EXTRACÇÃO PC
/CRITERIA ITERATE(25)
/ROTAÇÃO VARIMAX
/MÉTODO=CORRELAÇÃO .
```

Análise Factorial - Pressão Competitiva (CP1-CP5), Estudo Completo

Comunalidades

	Inicial	Extracção
Presença Competitiva 1	1.000	.374
Pressão Competitiva 2	1.000	.583
Pressão Competitiva 3	1.000	.676
Pressão Competitiva 4	1.000	.536
Pressão Competitiva 5	1.000	.705

Método de extracção: Análise dos componentes principais.

Desvio Total Explicado

Componente	Valores Eigenais Iniciais			Soma de Extracção de Cargas Quadradas		
	Total	% de Variância	Acumulado %	Total	% de Variância	Acumulado %
1	2.874	57.489	57.489	2.874	57.489	57.489
2	.844	16.877	74.366			
3	.541	10.813	85.179			
4	.425	8.502	93.680			
5	.316	6.320	100.000			

Método de extracção: Análise dos componentes principais.

Componente Matrixa

	Componente nt
	1
Presença Competitiva 1	.611
Pressão Competitiva 2	.764
Pressão Competitiva 3	.822
Pressão Competitiva 4	.732
Pressão Competitiva 5	.840

Método de extracção: Análise dos componentes principais. a. 1 componentes extraídos.

Componente rotativo Matrixa

a. Apenas um componente foi extraído. A solução não pode ser rodada.

```
/VARIABLES IP1 IP2 IP3 IP4 /MISSING LISTWISE /ANALYSIS IP1 IP2 IP3 IP4
/IMPRESSÃO ROTAÇÃO INICIAL DE EXTRACÇÃO
/CRITÉRIO MINEIGEN(1) ITERAR(25)
/EXTRACÇÃO PC
```

```
/CRITERIA ITERATE(25)
/ROTAÇÃO VARIMAX
/MÉTODO=CORRELAÇÃO .
```

Análise Factorial - Presença na Indústria (IP1-IP4), Estudo Completo

C:Documentos e Definições Topaz Kirlew Os Meus Documentos TK DBA TK Dissertação
\Dissertação Análise de dados - Análise de dados de estudo completo 1.sav

Comunalidades

	Inicial	Extracção
Pressão industrial 1	1.000	.735
Pressão industrial 2	1.000	.230
Pressão industrial 3	1.000	.815
Pressão industrial 4	1.000	.751

Método de extracção: Análise dos componentes principais.

Desvio Total Explicado

	Valores Eigenais Iniciais			Soma de Extracção de Cargas Quadradas		
Componente	Total	% de Variância	Acumulado %	Total	% de Variância	Acumulado %
1	2.530	63.262	63.262	2.530	63.262	63.262
2	.872	21.807	85.068			
3	.380	9.510	94.578			
4	.217	5.422	100.000			

Método de extracção: Análise dos componentes principais.

Componente Matrixa

	Componente nt
	1
Pressão industrial 1	.857
Pressão industrial 2	.480
Pressão industrial 3	.903
Pressão industrial 4	.866

Método de extracção: Análise dos componentes principais. a. 1 componentes extraídos.

Componente rotativo Matrixa

a. Apenas um componente foi extraído. A solução não pode ser rodada.

```
/VARIABLES QM1 QM2 QM3 QM4 QM5 QM6 /MISSING LISTWISE /ANALYSIS QM1 QM2
QM3 QM4 QM5 QM6
/IMPRESSÃO ROTAÇÃO INICIAL DE EXTRACÇÃO
/CRITÉRIO MINEIGEN(1) ITERAR(25)
/EXTRACÇÃO PC
/CRITERIA ITERATE(25)
/ROTAÇÃO VARIMAX
/MÉTODO=CORRELAÇÃO .
```

Análise Fatorial - Sofisticação da Gestão da Qualidade (QM1-QM6), Estudo Completo

Comunalidades

	Inicial	Extracção
Gestão da Qualidade Sofisticação 1	1.000	.510
Gestão da Qualidade Sofisticação 2	1.000	.753
Gestão da Qualidade Sofisticação 3	1.000	.842
Gestão da Qualidade Sofisticação 4	1.000	.871
Gestão da Qualidade Sofisticação 5	1.000	.757
Gestão da Qualidade Sofisticação 6	1.000	.166

Método de extracção: Análise dos componentes principais.

Desvio Total Explicado

	Valores Eigenais Iniciais			Soma de Extracção de Cargas Quadradas		
Componente	Total	% de Variância	Acumulado %	Total	% de Variância	Acumulado %
1	3.899	64.977	64.977	3.899	64.977	64.977
2	.938	15.632	80.609			
3	.615	10.257	90.867			
4	.351	5.847	96.713			
5	.139	2.309	99.022			
6	.059	.978	100.000			

Método de extracção: Análise dos componentes principais.

Componente Matriz3

	Componente nt
	1
Gestão da Qualidade Sofisticação 1	.714
Gestão da Qualidade Sofisticação 2	.868
Gestão da Qualidade Sofisticação 3	.917
Gestão da Qualidade Sofisticação 4	.933
Gestão da Qualidade Sofisticação 5	.870
Gestão da Qualidade Sofisticação 6	.407

Método de extracção: Análise dos componentes principais. a. 1 componentes extraídos.

Matriz de Componentes Rotacionados3

a. Apenas um componente foi extraído. A solução não pode ser rodada.

```
/VARIABLES FR1 FR2 FR3 FR6 FR7 /MISSING LISTWISE /ANALYSIS FR1 FR2 FR3
FR6 FR7
/IMPRESSÃO ROTAÇÃO INICIAL DE EXTRACÇÃO
/CRITÉRIO MINEIGEN(1) ITERAR(25)
/EXTRACÇÃO PC
/CRITERIA ITERATE(25)
/ROTAÇÃO VARIMAX
/MÉTODO=CORRELAÇÃO .
```

Análise de Factores - Recursos Financeiros (FR1-FR3, FR6, FR7), Estudo Completo

Comunalidades

	Inicial	Extracção
Recursos Financeiros 1	1.000	.363
Recursos Financeiros 2	1.000	.865
Recursos Financeiros 3	1.000	.733
Recursos Financeiros 5	1.000	.538
Recursos Financeiros 5	1.000	.601

Método de extracção: Análise dos componentes principais.

Desvio Total Explicado

	Valores Eigenais Iniciais			Soma de Extracção de Cargas Quadradas		
Componente	Total	% de Variância	Acumulado %	Total	% de Variância	Acumulado %
1	3.100	62.007	62.007	3.100	62.007	62.007
2	.800	16.000	78.007			
3	.652	13.035	91.041			
4	.403	8.055	99.096			
5	.045	.904	100.000			

Método de extracção: Análise dos componentes principais.

Componente Matrixa

	Componente nt
	1
Recursos Financeiros 1	.603
Recursos Financeiros 2	.930
Recursos Financeiros 3	.856
Recursos Financeiros 5	.734
Recursos Financeiros 5	.775

Método de extracção: Análise dos componentes principais. a. 1 componentes extraídos.

Componente rotativo Matrixa

a. Apenas um componente foi extraído. A solução não pode ser rodada.

FACTOR

```
/VARIABLES IA2 IA3 IA4 /MISSING LISTWISE /ANALYSIS IA2 IA3 IA4
/IMPRESSÃO ROTAÇÃO INICIAL DE EXTRACÇÃO
/CRITÉRIO MINEIGEN(1) ITERAR(25)
/EXTRACÇÃO PC
/CRITERIA ITERATE(25)
/ROTAÇÃO VARIMAX
/MÉTODO=CORRELAÇÃO .
```

Análise Factorial - Intenção de adoptar (IA2-IA4), Estudo completo

Comunalidades

	Inicial	Extracção
Intenção de adoptar	1.000	.908
Intenção de adoptar	1.000	.644
Intenção de adoptar	1.000	.862

Método de extracção: Análise dos componentes principais.

Desvio Total Explicado

	Valores Eigenais Iniciais			Soma de Extracção de Cargas Quadradas		
Componente	Total	% de Variância	Acumulado %	Total	% de Variância	Acumulado %
1	2.414	80.477	80.477	2.414	80.477	80.477
2	.491	16.352	96.829			
3	.095	3.171	100.000			

Método de extracção: Análise dos componentes principais.

Componente Matrixa

	Componente nt
	1
Intenção de adoptar	.953
Intenção de adoptar	.803
Intenção de adoptar	.929

Método de extracção: Análise dos componentes principais. a. 1 componentes extraídos.

Componente rotativo Matrixa

a. Apenas um componente foi extraído. A solução não pode ser rodada.

```
/VARIABLES PB1 PB2 PB3 PB4 PB5 PB6 PB7 /MISSING LISTWISE /ANALYSIS PB1
PB2 PB3 PB4 PB5 PB6 PB7
/IMPRESSÃO ROTAÇÃO INICIAL DE EXTRACÇÃO
/CRITÉRIO MINEIGEN(1) ITERAR(25)
/EXTRACÇÃO PC
/CRITERIA ITERATE(25)
/ROTAÇÃO VARIMAX
/MÉTODO=CORRELAÇÃO .
```

Análise de Factores - Benefícios Percebidos (PB1-PB7), Estudo Completo

Comunalidades

	Inicial	Extracção
Benefícios Perceptíveis 1	1.000	.730
Benefícios Perceptíveis 2	1.000	.653
Benefícios Percebidos 3	1.000	.818
Benefícios Percebidos 4	1.000	.858
Benefícios Percebidos 5	1.000	.832
Benefícios Percebidos 6	1.000	.512
Benefícios Percebidos 7	1.000	.606

Método de extracção: Análise dos componentes principais.

Desvio Total Explicado

Componente	Valores Eigenais Iniciais			Soma de Extracção de Cargas Quadradas		
	Total	% de Variância	Acumulado %	Total	% de Variância	Acumulado %
1	5.007	71.535	71.535	5.007	71.535	71.535
2	.813	11.619	83.155			
3	.531	7.583	90.738			
4	.344	4.911	95.648			
5	.172	2.457	98.105			
6	.078	1.110	99.215			
7	.055	.785	100.000			

Método de extracção: Análise dos componentes principais.

Componente Matrixa

	Componente nt
	1
Benefícios Perceptíveis 1	.854
Benefícios Perceptíveis 2	.808
Benefícios Percebidos 3	.904
Benefícios Percebidos 4	.926
Benefícios Percebidos 5	.912
Benefícios Percebidos 6	.715
Benefícios Percebidos 7	.778

Método de extracção: Análise dos componentes principais. a. 1 componentes extraídos.

Componente rotativo Matrixa

a. Apenas um componente foi extraído. A solução não pode ser rodada.

Apêndice H

Fiabilidade - Estudo
completo

```
ELIABILIDADE
  /VARIABLES=CP1 CP2 CP3 CP4 CP5
  /SCALE('Pressão     Competitiva     (CP1-CP5),     Estudo     Completo')
ALL/MODEL=ALPHA
  /STATISTICS=ESCALA
  /SUMÁRIO=MEIOS .
```

Fiabilidade

Escala: Pressão Competitiva (CP1-CP5), Estudo Completo

Resumo do processamento de casos

	N	%
Casos válidos	37	100.0
Excludeda	0	.0
Total	37	100.0

a. Eliminação em lista com base em todas as variáveis do procedimento.

Estatísticas de Fiabilidade

O Alfa de Cronbach	Cronbach's Alpha Baseado em Artigos Padronizados	N de artigos
.809	.811	5

Resumo das Estatísticas

	Média	Mínimo	Máximo	Gama	Máximo / Mínimo	Variância	N de artigos
Item Meios	4.676	3.541	6.297	2.757	1.779	1.346	5

Estatísticas de Escala

Média	Variância	Std. Desvio	N de artigos
23.38	63.908	7.994	5

```
FIABILIDADE
  /VARIABLES=IP1 IP2 IP3 IP4
  /SCALE('Industry Pressure (IP1-IP5), Complete Study') ALL/MODEL=ALPHA
  /STATISTICS=ESCALA
  /SUMÁRIO=MEIOS .
```

Fiabilidade

Escala: Pressão industrial (IP1-IP5), Estudo completo

Resumo do processamento de casos

	N	%
Casos válidos	37	100.0
Excludeda	0	.0
Total	37	100.0

a. Eliminação em lista com base em todas as variáveis do procedimento.

Estatísticas de Fiabilidade

O Alfa de Cronbach	Cronbach's Alpha Baseado em Artigos Padronizados	N de artigos
.806	.789	4

Resumo das Estatísticas

	Média	Mínimo	Máximo	Gama	Máximo / Mínimo	Variância	N de artigos
Item Meios	4.203	3.324	6.054	2.730	1.821	1.585	4

Estatísticas de Escala

Média	Variância	Std. Desvio	N de artigos
16.81	43.269	6.578	4

```
FIABILIDADE
  /VARIABLES=QM1 QM2 QM3 QM4 QM5 QM6
  /SCALE('Sofisticação da Gestão da Qualidade (QM1-QM6), Estudo
Completo')
   ALL/MODEL=ALPHA
  /STATISTICS=ESCALA
  /SUMÁRIO=MEIOS .
```

Escala: Sofisticação da Gestão da Qualidade (QM1-QM6), Estudo Completo

Resumo do processamento de casos

		N	%
Casos válidos		37	100.0
	Excludeda	0	.0
	Total	37	100.0

a. Eliminação em lista com base em todas as variáveis do procedimento.

Estatísticas de Fiabilidade

O Alfa de Cronbach	Cronbach's Alpha Baseado em Artigos Padronizados	N de artigos
.879	.879	6

Resumo das Estatísticas

	Média	Mínimo	Máximo	Gama	Máximo / Mínimo	Variância	N de artigos
Item Meios	5.482	4.649	6.216	1.568	1.337	.322	6

Estatísticas de Escala

Média	Variância	Std. Desvio	N de artigos
32.89	59.932	7.742	6

```
FIABILIDADE
  /VARIABLES=FR1 FR2 FR3 FR6 FR7
  /SCALE('Recursos Financeiros (FR1-FR3, FR6-FR7), Estudo Completo')
TODOS
/MODEL=ALPHA
  /STATISTICS=ESCALA
  /SUMÁRIO=MEIOS .
```

Escala: Recursos Financeiros (FR1-FR3, FR6-FR7), Estudo Completo

Resumo do processamento de casos

		N	%
Casos	válidos	15	40.5
	Excludeda	22	59.5
	Total	37	100.0

a. Eliminação em lista com base em todas as variáveis do procedimento.

Estatísticas de Fiabilidade

O Alfa de Cronbach	Cronbach's Alpha Baseado em Artigos Padronizados	N de artigos
.843	.840	5

Resumo das Estatísticas

	Média	Mínimo	Máximo	Gama	Máximo / Mínimo	Variância	N de artigos
Item Meios	5.080	4.533	5.867	1.333	1.294	.261	5

Estatísticas de Escala

Média	Variância	Std. Desvio	N de artigos
25.40	56.114	7.491	5

```
FIABILIDADE
  /VARIABLES=IA2 IA3 IA4
  /SCALE('Intenção de adoptar (IA2-IA4), Estudo completo')
ALL/MODEL=ALPHA
  /STATISTICS=ESCALA
  /SUMÁRIO=MEIOS .
```

Escala: Intenção de adoptar (IA2-IA4), Estudo completo

Resumo do processamento de casos

		N	%
Casos	válidos	37	100.0
	Excludeda	0	.0
	Total	37	100.0

a. Eliminação em lista com base em todas as variáveis do procedimento.

Estatísticas de Fiabilidade

O Alfa de Cronbach	Cronbach's Alpha Baseado em Artigos Padronizados	N de artigos
.866	.876	3

Resumo das Estatísticas

	Média	Mínimo	Máximo	Gama	Máximo / Mínimo	Variância	N de artigos
Item Meios	7.297	7.189	7.405	.216	1.030	.012	3

Estatísticas de Escala

Média	Variância	Std. Desvio	N de artigos
21.89	22.377	4.730	3

```
FIABILIDADE
  /VARIABLES=PB1 PB2 PB3 PB4 PB5 PB6 PB7
  /SCALE('Benefícios Percebidos (PB1-PB7), Estudo Completo')
ALL/MODEL=ALPHA
  /STATISTICS=ESCALA
  /SUMÁRIO=MEIOS .
```

Escala: Benefícios Percebidos (PB1-PB7), Estudo Completo

Resumo do processamento de casos

	N	%
Casos válidos	37	100.0
Excludeda	0	.0
Total	37	100.0

a. Eliminação em lista com base em todas as variáveis do procedimento.

Estatísticas de Fiabilidade

O Alfa de Cronbach	Cronbach's Alpha Baseado em Artigos Padronizados	N de artigos
.923	.932	7

Resumo das Estatísticas

	Média	Mínimo	Máximo	Gama	Máximo / Mínimo	Variância	N de artigos
Item Meios	5.521	4.730	6.216	1.486	1.314	.250	7

Estatísticas de Escala

Média	Variância	Std. Desvio	N de artigos
38.65	107.512	10.369	7

REFERÊNCIAS

Abrahamson, E. (1991). Modas e modas gerenciais: a difusão e rejeição de inovações. *Academy of Management Review, 16(3),* 586-612.

Anderson, J. C., & Gerbing, D. W. (1988) Structural Equation Modeling in Practice: Uma Revisão e Abordagem Recomendada em Dois Passos. *Boletim Psicológico,* 103: 411 - 423.

Amit, O., Schoephoerster, R., Carsrud, A., & Prasad, V. (2004). O programa de parceria em engenharia biomédica uma abordagem educacional integrada à inovação biomédica e ao empreendedorismo. *Actas da Conferência e Exposição Anual da Sociedade Americana para a Educação em Engenharia de 2004.* Sociedade Americana para a Educação em Engenharia.

Arnold, H. J., & Feldman, D. C. (1981) Social Desirability Response Bias in Self-Report Choice Situations. *Academy of Management Journal,* 24: 377-385.

ASQ, Sociedade Americana para a Qualidade. (n.d.) Walter A. Shewhart, pai do controlo estatístico de qualidade. Recuperado a 17 de Junho de 2006 de http://www.asq.org/about-asq/who- we-are/bioshewhart.html

Barclay, D., Higgins, C. & Thompson, R., (1995). A abordagem dos mínimos quadrados parciais à modelação causal: Adopção e utilização de computadores pessoais como ilustração. *Tech Stud,* 2(2), 285-309.

Bauer, A., Reiner, G., & Schamschule, R., (2000). Desenvolvimento de sistemas organizacionais e de qualidade: uma análise através de modelo de simulação dinâmica. *Gestão da Qualidade Total,* 1 de Julho, 410-417.

Bentler, P. M., & Bonnet, D. G. (1980) Significance Tests and Goodness-of-Fit in the Analysis of Covariance Structures. *Boletim Psicológico,* 88: 588-606.

Bollen, K. A. "Indicadores Múltiplos: Consistência Interna ou Sem Relação Necessária"? *Qualidade & Quantidade (18),* 1984, pp. 377-385.

Bollen, K., & Lennox, R. (1991) Conventional Wisdom on Measurement: Uma Perspectiva da Equação Estrutural. *Boletim Psicológico,* 110, 305-314.

Bigelow, B, & Arndt, M. (1995). Gestão da qualidade total: campo dos sonhos? *Health Care Management Review*, *20*(4), 15-25.

Bispo, Adrian. (Outubro de 2004). O caminho para a Excelência dos Serviços: implementação de um sistema de qualidade na saúde e nos serviços humanos (Inovação). *Cuidados de Saúde Comportamentais Amanhã*, 13, 12-13.

Bisognano, M. (2004). O que diz Juran. *Progresso da Qualidade, 37(9),* 33-
34.

Bradley, S.P., & Weber, J. (2004). A indústria farmacêutica: desafios no novo século. Boston: *Harvard Business School Publishing,* HBS No. 9-703-489.

Brent, E. E., Mirielli, E. J., e Thompson, A. (1993). EX-SAMPLE: Um sistema especializado para a determinação do tamanho da amostra. Versão 3. Columbia, MO: Idea Works, Inc. (1993),

Bush, L. (2004). De CGMPs para o caminho crítico: A FDA concentra-se na inovação, qualidade, e melhoria contínua - dentro e fora; à medida que a FDA continua a implementar a sua abordagem baseada no risco à regulamentação do CGMP e se prepara para o trabalho da iniciativa Caminho Crítico, o pessoal da agência concentra-se na implementação de sistemas de qualidade nos seus próprios processos e no incentivo à qualidade e inovação na indústria. *Tecnologia Farmacêutica, 28,* 34-39.

Campbell, D. T., & Fiske, D. W. (1959) Convergent and Discriminant Validation by the Multitrait-Multimethod Matrix. *Boletim Psicológico,* 56: 81-105.

Carman, J.M. , Shortell, S.M., Foster, R.W., Hughes, E.F.X., Boerstler, H., O'Brien, J.L., & O'Connor, E.J. (1996). Chaves para uma implementação bem sucedida da gestão da qualidade total nos hospitais. *Health Care Management Review, 21*(1), 48-60.

Chesney, D. L. (2005). Controlos de gestão para conformidade com as BPF. *Tecnologia Farmacêutica, 29,* 64-67.

Chin, W.W. (1998). Questões e opinião sobre modelação de equações estruturais. *MIS Quart, 22*(1), VII-XVI.

Chrai, S.S., & Burd, M. (2004). Decretos de consentimento: efeito sobre consumidores, empresas, e investidores: nos últimos anos muitas empresas farmacêuticas entraram em decretos de consentimento com a FDA, resultando em perdas significativas para os lucros e quedas nos preços das acções. As empresas podem evitar esta situação, construindo processos e sistemas de qualidade (Comentário). *Tecnologia Farmacêutica, 28,* 168-175.

Chwelos, P., Benbasat, I., & Dexter, A.S. (2001). Relatório de investigação: teste empírico de um modelo de adopção do EDI. *Information Systems Research, 12*(3), 304-321.

Crosby, D.C. (2006). A qualidade é fácil: o segredo de zero defeitos e as sete leis de prevenção de defeitos fazem da qualidade um estalo. *Qualidade, 45*(1), 58-61.

De Feo, J. (n.d.). Instituto Juran, Obtido em 17 de Junho de 2006 a partir de http://www.juran.com/lower2.cfm?articleid=21

Deming Interaction (2006). Toyoda: espírito de Deming, espírito de futuro. *The W. Edwards Deming Institute, 10*(1), 1-6.

Deming, W.E. (1967). Walter A. Shewhart, 1891-1967. *The American Statistician, 21*(2), 39-40.

Denis, J-L., Hebert, Y., Langley, A., Lozeau, D., & Trottier, L-H. (2002). Explicação dos padrões de difusão de inovações complexas nos cuidados de saúde. *Health Care Management Review 27(3),* 60-73.

Dickinson, J.G. (2005). Acções de Aplicação da FDA Loomed Large em 2005. *Ligação de Dispositivos Médicos.* Recuperado em 26 de Dezembro de 2005 de http://www.devicelink.com/mddi/archive/05/12/006.html

Dopson, S., FitzGerald, L., Ferlie, E., Gabbay, J., & Locock, L. (2002). Sem alvos mágicos! Mudar a prática clínica para se tornar mais baseada em provas. *Health Care Management Review, 27*(3), 35-47.

Douglas, T.J., & Judge, W.Q., Jr., (2001). Implementação da gestão da qualidade total e vantagem competitiva: o papel do controlo estrutural e da exploração. *Academy of Management Journal, 44(1},* 158-169.

Dowd, S.B. & Tilson, E. (1996). Os benefícios da utilização de dados CQI/TQM. *Tecnologia Radiológica, 67*(6), 533-538.

Drucker, P.F. (1990). A teoria emergente do fabrico. *Harvard Business Review, 68*(3), 94-102.

Drucker, P.F. (2002). A disciplina da Inovação. *Harvard Business Review,* Reprint R0208F, 5-10.

Enterprise Florida (n.d.). Ciências da Vida. Recuperado em 30 de Janeiro de 2007 de http://www.eflorida.com/keysectors/bio/default.asp?level1=22&level2=1 15®ion= nw

Ernst & Young (2006). Para além das fronteiras: O Relatório Global de BioTecnologia. Obtido a 4 de Agosto de 2006 em http://www.ey.com/global/content.nsf/International/BiotechnologyReport 2006 Be yondBorders

Livro Branco da FDA (2003, 30 de Junho). Protegendo a Saúde Pública: A FDA prossegue uma estratégia de aplicação agressiva. Recuperado em 23 de Julho de 2006 de http://www.fda.gov/oc/whitepapers/enforce.html

Feldman, M.S. & March, J.G. (1981). Informação em Organizações como Sinal e Símbolo. *Administrative Science Quarterly, 26*(2), 171-186.

Freeman, M. (1996). Não deitar fora a gestão científica com a água do banho. *Progresso da qualidade, 29*(4), 61-64,

Gitlow, H.S. (1994). Uma comparação entre a qualidade total japonesa e a teoria de gestão da Deming. *Statistician americano, 48*(3), 197-203.

Goldstein, S.M., & Schweikhart, S.B. (2002). Apoio empírico ao quadro do Prémio Baldrige nos hospitais dos EUA. *Health Care Management Review, 27*(1), 62-75.

Granderson, G. (1999). O impacto da regulamentação na mudança técnica. *Jornal Económico do Sul, 65*(4), 807-822.

Gustafson, D.H., & Hundt, A.S. (1995). Conclusões da investigação em inovação aplicada aos princípios de gestão da qualidade dos cuidados de saúde. *Health Care Management Review, 20(2),* 16-38.

Hackman, J.R. & Wageman, R. (1995). Gestão da qualidade total: questões empíricas, conceptuais, e práticas. *Administrative Science Quarterly, 40(2),* 309342.

Heller, K. & Mullin, R. (1993). ISO 9000: um quadro para a melhoria contínua. *Chemical Week, 153*(10), 30-32.

Hutchins, D. (2006). Recolha total. *Quality Professional, Jan/Fev,* recuperado em 18 de Junho de 2006 de http://www.feigenbaum.com/pdf/qpjan06.pdf

Iacovou, C.L., Benbasat, I. & Dexter, A.S. (1995). Intercâmbio electrónico de dados e pequenas organizações: adopção e impacto da tecnologia. *MIS Quarterly, 19*(4), 465485.

Joiner, B.L. (1996). Qualidade, inovação, e democracia espontânea. *Progresso da qualidade, 29*(3), 51-53.

Junod, S.W. (2004). "Deus, Maternidade e a Bandeira" Implementing the First Pharmaceutical Current Good Manufacturing Practices (CGMP's) Regulations. Obtido a 17 de Junho de 2006 em http://www.fda.gov/oc/history/makinghistory/firstgmps.html

Juran, J.M. (1992). Planeamento da qualidade do desenvolvimento. *National Productivity Review, 11*(3). 287-300.

Kanji, G.K. (1998). Uma abordagem inovadora para tornar as normas ISO 9000 mais eficazes. *Gestão da Qualidade Total, 9*(1), 67-79.

Langley, A. (1989). Em busca de racionalidade: o objectivo por detrás do uso da análise formal nas organizações. *Administrative Science Quarterly, 34*(4), 598-631.

Lee, E.J., Lee, J., & Schumann, D.W. (2002). A influência da fonte e do modo de comunicação na adopção das inovações tecnológicas pelos consumidores. *Journal of Consumer Affairs, 36*(1), 1-27.

Lemonick, M.D. & Goldstein, A. (2002, 21 de Julho). Por sua conta e risco. *Tempo.*

Lu, J., Yu, C.S., Liu, C., & Yao, J.E. (2003). Modelo de aceitação de tecnologia para Internet sem fios. *Internet Research, 13(3)* 206-222.

Mahajan, V., Muller, E., & Bass, F.M. (1990), New product diffusion models in marketing: a review and directions for research. *Journal of Marketing, 54*(1), 1-26.

Mahajan, V., Muller, E., & Srivastave, K. (1990). Determinação das categorias de adoptantes, utilizando modelos de difusão da inovação. *Journal of Marketing Research, 27*(1), 37-50.

Mainz, J. (2004). Indicadores de qualidade: essenciais para a melhoria da qualidade [Editorial]. *International Journal for Quality in Health Care, 16*(1), 1.

Mandal, P., Howell, A., & Sohal, A.S., (1998). Uma abordagem sistémica à melhoria da qualidade: As interacções entre os sistemas técnicos, humanos e de qualidade. *Gestão da Qualidade Total, 9*(1), 79-101.

Mansfield, E. (1961). Mudança técnica e a taxa de imitação. *Econometria,*

29(4), 741-766.

Livro Branco MasterControl (2006). O Investigador de Dispositivos Médicos da FDA Oferece Insights on Inspection. *MasterControl*. Recuperado em 2 de Julho de 2006 de www.mastercontrol.com

Maio Arquivos de Qualidade. (2001). *Qualidade, 40*(5), 18.

McCarthy, M. (2006, 27 de Janeiro). As técnicas de fabrico de automóveis podem reformar os cuidados de saúde? *A Lanceta*. Recuperado em 30 de Janeiro de 2006 de http://www.asq.org/quality-news/2006/01/27/20060127cancar.html

McCormick, Douglas. (2005). Tribunal Distrital dos EUA rejeita processo da FDA para bloquear dispositivo. *Tecnologia Farmacêutica*, *29*, 24-25.

McDonald, H., Corkindale, D., & Sharp, B. (2003). Previsores comportamentais versus demográficos de adopção precoce: uma análise crítica e um teste comparativo. *Journal of Marketing Theory & Practice, 11*(3), 84-95.

McGrath, C., & Zell, D., (2001). The future of innovation diffusion research and its implications for management, uma conversa com Everett Rogers. *Journal of Management, 10(4),* 386-391.

Miller, M.B. (1995) "Coeficiente Alfa: Uma introdução básica a partir das perspectivas da teoria clássica dos testes e da modelação da equação estrutural". Modelação da Equação Estrutural, 2, 255-273.

Mind Tools, Product Diffusion Curve, Obtido em 28 de Fevereiro de 2006 a partir de http://www.mindtools.com/pages/article/newTMC93.htm

Mondabaugh, S.M. (2005). Está pronto para a mudança de paradigma de gestão de risco?
Regulatory Affairs Focus, Novembro de 2005, recuperado a 20 de Novembro de 2005 em
http://www.raps.org/sraps/rafocusarticle.asp?TRACKID=RKNNN8PSVXKA6YDR7 G9QBU3QM7895AQFQ&CID=3107&DID=26339

Moore, G.C. e Benbasat, I. (1991). Desenvolvimento de um Instrumento para Medir as Percepções de Adopção de uma Inovação nas Tecnologias da Informação. *Information Systems Research*, *2*, 192-222.

Motwani, J., Klein, D., & Navitskas, S. (1999). Esforçando-se por uma melhoria contínua da qualidade: Um estudo de caso do Hospital Saint Mary's. *The Health Care Manager, 18*(2), 33-40.

Motwani, J., Sower, V.E., & Brashier, L.W. (1996). Implementação da TQM no sector dos cuidados de saúde. *Health Care Management Review, 21*(1), 73-83.

Norton, J.A., & Bass, F.M. (1987). Um modelo de adopção e substituição da teoria da difusão por gerações sucessivas de produtos de alta tecnologia. *Management Science, 33*(9), 1069-1083.

Norton, J.A., & Bass, F.M. (1992). Evolução das gerações tecnológicas: a lei da captura. *Sloan Management Review, 33*(2), 66-77.

Pare, G. & Raymond, L. (1991). Medição da sofisticação das tecnologias de informação nas PMEs. *Proc. Administração. Sci. Association of Canada*, 90-100.

Phillips-Donaldson, D. (Ed.). (2004). 100 anos de Juran. *Progresso da Qualidade, 37*(5), 2539.

Vigilância política: acções governamentais federais e estaduais e o seu impacto nos decisores em matéria de droga (2004). O relatório enumera passos para melhorar o sistema regulador da qualidade dos produtos. *Formulário, 39,* 558.

Porter, M.E., & Stern, S. (2001). Inovação: a localização é importante. *MT Sloan Management Review*, Verão, 28-36.

Porter, M.F. (1998). Clusters e a nova economia da concorrência. *Harvard Business Review*, Nov-Dez, 77.

Powell, M. & Segal, D. (2006, 28 de Janeiro). Em Nova Iorque, um tráfico terrível de partes do corpo: as vendas ilegais preocupam os parentes dos mortos, os receptores de tecidos. *The Washington Post,* pp. A03.

Recer, P. (2000, 10 de Dezembro). Novas Regras para a Terapia Genética. *ABCNews.com.*

Reid, R.D. (2001). De Deming a ISO 9000:200. *Progresso da Qualidade, 34*(6), 66-70.

Robertson, T. (1967). O processo de inovação e a difusão da inovação. *Journal of Marketing, 31,* 14-19.

Rogers, E.M. (1976). Adopção e difusão de novos produtos. *Journal of Consumer Research, 2*(4), 290-301.

Samson, D. & Terziovski, M. (1999). A relação entre as práticas de gestão da qualidade total e o desempenho operacional. *Journal of Operations*

Management, 17, 393-409.

Saunders, C.S. & Hart, P. (1993). Intercâmbio electrónico de dados através de fronteiras organizacionais: Construção de uma teoria de motivação e implementação. *The Economist.*

Schaefer, J.F. (2003). Avanços recentes na tecnologia médica. *Regulatory Affairs Focus, Janeiro de 2003,* Recuperado a 4 de Agosto de 2006 de http://www.raps.org/sraps/rafocusarticle.asp?TRACKID=RKNNN8PSV XKA6YDR7 G9QBU3QM7895AQFQ&CID=653&DID=6369

Shapiro, J.K. (2005, Maio). Requisitos Federais e Estaduais para HCT/Ps: Uma visão geral. *Ligação para Dispositivos Médicos*. Obtido em Janeiro a partir de www.devicelink.com/mddi/archive/05/05/019.html

Shortell, S.M., O'Brien, J.L., Carman, J.M., Foster, R.W., Hughes, E.F.X., Boerstler, H., et al. (Junho de 1995). Assessing the impact of continuous quality improvement/total quality management: concept versus implementation. *Health Services Research*, *30*(2), 377-401.

Starr, P. (1982). *A Transformação Social da Medicina Americana.* Nova Iorque: Livros Básicos.

Strang, D. & Soule, S.A. (1998). Difusão em organizações e movimentos sociais: do milho híbrido às pílulas de veneno. *Annual Review of Sociology, 24,* 265-290.

Suarez, R. (2002, 20 de Julho). Parar a investigação. *OnlineNewsHour.*

FDA dos Estados Unidos (2004). Carta do Conselho da Qualidade Farmacêutica. Obtida em 23 de Novembro de 2004 a partir de http://www.fda.gov/cder/gmp2004/Charter.pdf

FDA dos Estados Unidos (2006). Cartas de advertência da FDA. Recuperado a 23 de Julho de 2006 de http://www.accessdata.fda.gov/scripts/wlcfm/fulltext.cfm?fulltext=medic al+device %2C+Florida&Search=Search

FDA dos Estados Unidos (2006). História da FDA. Recuperado em 15 de Abril de 2006 de http://www.fda.gov/oc/history/historyoffda/default.htm

FDA dos Estados Unidos (2006a). Ordem para Cessar o Fabrico e para Reter HCT/Ps.
Recuperado em 3 de Fevereiro de 2006 de http://www.fda.gov/bbs/topics/news/2006/NEW01309.html

FDA dos Estados Unidos (2006b). A FDA ordena à Biomedical Tissue

Services, Ltd., que cesse o fabrico e retenha os inventários existentes de células humanas, tecidos e

Produtos Celulares e Tecidulares (HCT/Ps). Recuperado em 3 de Fevereiro de 2006 de http://www.fda.gov/bbs/topics/news/2006/NEW01309.html

FDA dos Estados Unidos (1 de Abril de 1999). *Tecido Humano Destinado ao Transplante.* Código dos Regulamentos Federais (título 21, Volume 8, Partes 800 a 1299).

FDA dos Estados Unidos (Fevereiro de 1997). *Reinventing the Regulation of Human Tissue,* National Performance Review, President Bill Clinton & Vice President Al Gore.

FDA dos Estados Unidos (28 de Fevereiro de 1997). *Proposta de Abordagem à Regulamentação de Produtos Celulares e Tecidulares,* Docket Number 97N-0068.

FDA dos Estados Unidos (4 de Outubro de 1996). Respostas: A FDA reforça as normas para novos dispositivos médicos. Recuperado em 21 de Abril de 2008 de http://www.fda.gov/bbs/topics/ANSWERS/ANS00763.html

FDA dos Estados Unidos (Dezembro de 1996). Manual de Sistemas de Qualidade de Dispositivos Médicos: A Small Entity Compliance Guide, 1ª edição, HHS Publication FDA 97-4179. Obtido em 21 de Abril de 2008 em http://www.fda.gov/cdrh/qsr/intro.html

FDA dos Estados Unidos (19 de Janeiro de 2001). *Human Cells, Tissues, and Cellular and tissuebased products and Tissue-Based Products; Establishment Registration and Listing,* Code of Federal Regulations, (título 21, Volume 66, Partes 207, 807 e 1271).

FDA dos Estados Unidos (8 de Janeiro de 2001). *(GTP) Current Good Tissue Practice for Manufacturers of Human Cellular and tissue-based products and Tissue-Based Products; Inspection and Enforcement; Proposed Rule.* Código dos Regulamentos Federais (título 21, Volume 66, Partes 1271).

FDA dos Estados Unidos (29 de Julho de 1997). *Tecido Humano Destinado ao Transplante: Regra Final.* Código dos Regulamentos Federais (título 21, Volume 62, Partes 16 e 1270).

FDA dos Estados Unidos (1 de Junho de 1997). *(QSR) Regulamento do Sistema de Qualidade.* Código dos Regulamentos Federais (título 21, Partes 808, 812, e 820).

FDA dos Estados Unidos (n.d.). *Workshops da FDA QSIT: Controlos de Gestão QSIT.*
Recuperado de 25 de Fevereiro de 2006 de http://www.fda.gov/cdrh/present/mgmtv8.pdf

FDA dos Estados Unidos (n.d.). *Workshops da FDA QSIT: Técnica de Inspecção do Sistema de Qualidade: QSIT.* Recuperado a 25 de Fevereiro de 2006 de http://www.fda.gov/cdrh/present/QSITv7.pptff12

FDA dos Estados Unidos (n.d.). Registo e Listagem para Base de Dados de Dispositivos. Recuperado a 23 de Julho de 2006 de http://www.accessdata.fda.gov/scripts/cdrh/cfdocs/cfRL/registration.cfm

FDA dos Estados Unidos (n.d.). *Workshops da FDA QSIT: Acções Correctivas e Preventivas da QSIT.* Recuperado a 25 de Fevereiro de 2006 de http://www.fda.gov/cdrh/present/CAPAv9.pdf

FDA dos Estados Unidos (n.d.). *Cartas de advertência da FDA,* Resultados da pesquisa de cartas de advertência para "sistemas de qualidade". Recuperado em 26 de Fevereiro de 2006 & 2 de Março de 2008 em http://www.accessdata.fda.gov/scripts/wlcfm/fulltext.cfm?fulltext=quality +system s&Search=Search

FDA dos Estados Unidos (n.d.). Célula Humana, Tecidos e Produtos Celulares e à Base de Tecidos (HCT/P): Lista Alfabética de Estabelecimentos Registados. Recuperada a 23 de Julho de 2006 de http://www.fda.gov/cber/tissue/hctregestabl.htm

FDA dos Estados Unidos (n.d.). CGMPS farmacêutico para o século XXI - Uma abordagem baseada no risco: Segundo Relatório de Progresso e Plano de Implementação. Obtido em 17 de Junho de 2006 a partir de http://www.fda.gov/cder/gmp/2ndProgressReptPlan.htm

FDA dos Estados Unidos (n.d.). *Inspecções do Sistema de Qualidade Reengenharia.* Recuperado a 25 de Fevereiro de 2006 de http://www.fda.gov/cdrh/gmp/gmp.html

FDA dos Estados Unidos (24 de Novembro de 2004). *(GTP) Current Good Tissue Practice for Human Cell, Tissue and Cellular and Tissue-Based Product Establishments; Inspection and Enforcement; Final Rule.* Federal Reqister, 69:226 (Code of Federal Requlations, title 21, Parts 16, 1270 and 1271).

FDA dos Estados Unidos (29 de Setembro de 1978). *(GMP) Current Good Manufacturing Practice for Finished Pharmaceuticals,* Code of Federal Requlations (Título 21, Parte 606),

Estados Unidos FDA (3 de Setembro de 2003). FDA Anuncia Novo Proqress Toward "21st Century" Requlation of Pharmaceutical Manufacturinq". Recuperado em 18 de Junho de 2006 de http://www.fda.qov/bbs/topics/NEWS/2003/NEW00936.html

FDA dos Estados Unidos (30 de Setembro de 1999). *Determinação da Adequação para Doadores de Produtos Celulares e Tecidulares Humanos.* Reqister Federal: 64 (189).

FDA dos Estados Unidos (Setembro, 2004). Orientação para a Indústria: Abordagem de Sistemas de Qualidade às Exigências das Boas Práticas de Fabrico de Produtos Farmacêuticos. Recuperado a 20 de Novembro de 3006 de http://www.fdaqov/cder/quidance/6452dft.htm

United States FDA Device Advice (n.d.) Medical Device Recalls and Corrections and Removals. Recuperado em 23 de Julho de 2006 de http://www.fda.qov/cdrh/devadvice/51.html

Estados Unidos FDA, Center for Bioloqics Evaluation and Research, Office of Compliance and Bioloqics Quality (30 de Setembro de 2001). *Inspecção de Estabelecimentos de Tecidos.* Recuperado em 5 de Janeiro de 2006 a partir de http://www.fda.qov/ora/cpqm/41 002.htm

Wagner, J. A., & Crampton, S. M. (1993) Percept-Percept in Micro Organizational Research: an Investigation of Prevalence and Effect (Percepção-Percepção na Investigação Micro-organizacional: uma Investigação de Prevalência e Efeito). *Academy of Management Proceedings,* 53: 310-314.

Washington Business Information, Inc., 21 de Dezembro de 2001. O programa piloto ilumina a mudança de estratégia de inspecção da FDA para 2002. Recuperado em 27 de Fevereiro de 2006 em http://www.fdanews.com/fdl/1 642/fda/4908-1.html

Watson, G. (2004). O legado de Ishikawa. *Progresso da Qualidade, 37(4),* 54-57.

Watson, G.H. (2005a). A influência persistente do Feigenbaum. *Progresso da qualidade, 38*(11), 5155.

Watson, G.H. (2005b). Sabedoria intemporal de Crosby. *Progresso da Qualidade, 38*(6), 64-67.

Wejnert, B. (2002). Integrando modelos de difusão de inovações: um quadro conceptual. *Annual Review of Sociology,* 28, 297-326.

Wikipedia, The Free Enclyclopedia, Difusão de Inovações, tirada em 13 de

Fevereiro de 2010 de http://en.wikipedia.org/wiki/Diffusionofinnovations

Young, T.M. & Winistorfer, P.M. (1999). SPC: Statistical Process Control and the forest products industry. *Revista de Produtos Florestais*, 49 (3), 10-17.

BIBLIOGRAFIA

Austin, T. & Jarvis, C. (1998). Como poupar tempo, dinheiro, e um recurso precioso através do CQI. *Medical Laboratory Observer, 30*(1), 50-53.

Banker, R., Potter, G. & Schroeder, R. (1993). Relatórios de desempenho de fabrico para melhoria contínua da qualidade. *Management International Review, 33*(2), 69-85.

Barrett, M.J. (1993). Sistemas preventivos num ambiente CQI/TQM. *Healthcare Financial Management, 47(8),* 22.

Bhattacharya, S., Krishnan, V. & Mahajan, V. (1998). Gestão da definição de novos produtos em ambientes altamente dinâmicos. *Management Science, 44*(11), S50-S64.

Bodison, G.W. (2005). Mudar Organizações de Saúde de Bom para Excelente. *Progresso da Qualidade, 38*(11), 22-29.

Crane, J.S. & Crane, N.K. (2000). Uma ferramenta de avaliação do desempenho a vários níveis: transição da abordagem tradicional para uma abordagem CQI. *Health Care Management, 25*(2), 64.

Dekimpe, M.G., Parker, P.M. & Sarvary, M. (2000). Difusão global das inovações tecnológicas: uma abordagem de risco a dois. *Journal of Marketing Research, 37*(1), 47-59.

Drucker, P.F. (2002). Peter F. Drucker: Entregar Valor aos Clientes. *Progresso da Qualidade, 35*(5), 55-61.

Fleuren, M., Wiefferink, K. & Paulussen, T. (2004). Determinantes da inovação nas organizações de cuidados de saúde. *International Journal for Quality in Health Care, 16*(2), 107-123.

Flint, D.J., Larsson, E., Gammelgaard, B. & Mentzer, J.T. (2005), Logistics innovation: a customer value-oriented social process. *Journal of Business Logistics, 26*(1), 113147.

Goldberg, H.I. (2000). A melhoria contínua da qualidade e os ensaios controlados não são mutuamente exclusivos. *Health Services Research, 35*(3), 701.

Goldsmith, R.E., Flynn, L.R. & Goldsmith, E.B. (2003). Consumidores inovadores e operadores de mercado. *Journal of Marketing Theory & Practice, 11(4),* 54-65.

Hathaway, C., Manthei, J., & Brandt, R. (2007). *Pharmaceutical Law & Industry, 5(41),* 1095-1099.

Holness, G.V.R. (2001). Atingir a qualidade usando TQM e ISO. *ASHRAE Journal, 43*(1), 195-206.

Mahajan, V. & Muller, E. (1979). Difusão da inovação e novos modelos de crescimento de produtos em marketing. *Journal of Marketing, 43(4),* 55-68.

Miller, M.D., Rainer, R.K, Jr. & Harper, J. (1997). A unidimensionalidade, validade e fiabilidade das escalas de vantagens relativas e compatibilidade de Moore e Benbasat. *Journal of Computer Information Systems, 38*(1), 38-46.

Noguchi, J. (1995). O legado de W. Edwards Deming. *Quality Progress, 28* (12), 3537.

Olson, J.R. & Savory, P.A. (1999). O salvamento em estrada implementa um quadro flexível de melhoria contínua do processo. *Journal of Manufacturing Systems, 18*(2), 152155.

Plsek, P.E. (1999). Secção 1: Melhoria da Qualidade Baseada em Evidências, Princípios e Perspectivas. Métodos de Melhoramento da Qualidade em Medicina Clínica. *Pediatria, 103(1),* 203-214.

Sistema de Gestão da Qualidade - Requisitos, ISO 9001:2000 (ICS:03.120.10, Gestão da qualidade e garantia da qualidade).

Schafer, J.L. & Graham, J.W. (2002). Dados em falta: A nossa visão sobre o estado da arte. *Métodos Psicológicos, 7*(2), 147-177.

Wagner, C., van Merode, G.G. & vanOort, M. (2003). Custos dos sistemas de gestão da qualidade em organizações de cuidados de longo prazo: uma exploração. *Quality Management in Health Care, 12(2),* 106-114.

Watson, G.H. (2000). Uma Homenagem: Philip B. Crosby. *Progresso da Qualidade 34*(9), 6.

Zahedi, F. (1997). Métrica de fiabilidade para sistemas de informação baseada nos requisitos do cliente. *International Journal of Quality & Reliability Management, 14(8-9),* 791-813.

Printed by Books on Demand GmbH, Norderstedt / Germany